突破个人
成长瓶颈

严明花　肖维　王少晖◎著

人民邮电出版社

北京

图书在版编目（ＣＩＰ）数据

突破个人成长瓶颈 / 严明花，肖维，王少晖著. --
北京：人民邮电出版社，2020.5
ISBN 978-7-115-53320-3

Ⅰ．①突… Ⅱ．①严… ②肖… ③王… Ⅲ．①成功心
理 Ⅳ．①B848.4

中国版本图书馆CIP数据核字(2020)第005198号

内 容 提 要

本书讲述了 10 个故事，包括职业经理人发展到最高职位的故事、发展到总监以后转型创业的故事、发展到总监以后成为自由职业者的故事，等等，这些职场故事告诉职场人在遇到职业发展瓶颈、困惑、诱惑和挫折时该如何面对并解决，提炼出成功职场人士的共同特征、基本素质要求和职场成长秘诀，供读者学习和参考。

◆ 著　　　　严明花　肖　维　王少晖
　　责任编辑　赵　娟
　　责任印制　彭志环
◆ 人民邮电出版社出版发行　北京市丰台区成寿寺路 11 号
　　邮编　100164　电子邮件　315@ptpress.com.cn
　　网址　http://www.ptpress.com.cn
　　天津翔远印刷有限公司印刷
◆ 开本：880×1230　1/32
　　印张：8.75　　　　　　　2020 年 5 月第 1 版
　　字数：184 千字　　　　　2020 年 5 月天津第 1 次印刷

定价：68.00 元

读者服务热线：**(010)81055493**　印装质量热线：**(010)81055316**
反盗版热线：**(010)81055315**
广告经营许可证：京东工商广登字 20170147 号

☺推荐序

　　"花姐"（严明花）让我给本书写序，我开始是犹豫的。怕理解不到位而耽误了这样一本好书。我心里给自己定了一个时间，花费一个月的时间通读 PDF 版的书稿，然后再写序。当天晚上我打开电脑开始阅读书稿，才发现这是一本一开始阅读就很难停下来的好书。我开始把原来的阅读计划大大缩短，用了 3 天的时间就通读了初稿。

　　书的结构和布局非常新颖，通过"职场攻略"的方式介绍嘉宾和嘉宾的工作内容，让读者了解嘉宾和他们所从事的工作，从而让读者更加容易地联系到自己类似的经历而更好地形成心理层面的互动。作者紧接着通过"还原精彩对话"环节再现采访真实现场，让读者自己感受采访者的专业性和嘉宾的精彩经历。

　　职业生涯是可以被设计和管理的，这个命题已经越来越成为共识。我在给不少职场新人咨询的过程中，最常被问及的问题之一就是"我早期有一手好牌，但是不知不觉就打烂了，我该如何调整？"从"好牌"打成"坏牌"的痛苦，这是不幸的。书中的一些嘉宾的经历正好相反，他们有些人一开始并没有一手能够走到事业顶峰的"好牌"，有些人的职场起点还偏低，但还是通过一步一个脚印的踏实奋斗获得了掌声和荣誉。

　　有人说职场的成功与运气有关。作者认为，在天、地、人的三维中，"天"确实能起到很大的作用，生不逢时对职业生涯的开始和走向肯定是有根本性的影响的。但是，如果唯"天"论，我们谈职业生涯管理的底层逻辑也就被彻底颠覆了。书中更多总结了10位嘉宾在走向职场成功过程中"人"的奋斗维度，让奋斗成为走向职场成功的主线。他们成功的路径可能不同，但奋斗是他们共同的主题，10位嘉宾10条路径，精彩奋斗的人生经历让读者难忘。

"自我产品化"的概念很新颖，不失为书中的亮点之一。把"自己产品化"初听起来很简单，但是仔细思考后，就是一个市场化的过程。对职场人士来说，大学是工厂，教科书就是生产资料，教授是生产者，职场是市场，市场里的企业是他们的客户。离开大学这个工厂之后，就要不断地树立起市场思维的理念，职场道路才能越走越宽广。

职业生涯的发展和管理一般都是围绕着动机（Motive）展开，对职业生涯有直接影响的动机主要有三个：公司知名度（Corporate Image）、薪酬（Pay）和学到新的知识（Know-how）。

每一个面临职业选择的职场新人都会纠结于这三个动机的排序，根据每一个人的具体需求（Needs）不同，三个动机的排序会不知不觉地有所不同。一般来说，初入职场的新人会更注重公司的知名度和学到新知识；中年职场人士，由于家庭的组建而导致花费陡然增加，会将薪酬动机前移等。无论以什么动机排序，都没有绝对正确的答案。书中的采访者通过智慧的提问，从10位嘉宾的丰富经历中，深入挖掘和提炼出能折射这三个动机的真实案例和总结，非常值得职场人士细读和体会。

资深金融人力资源专家，原摩根大通（中国）人力资源部负责人
肖南

☺序 ——————————————

- 步入职场刚满 3 年的"90 后",凌晨 2 点发朋友圈问什么叫"困意",在迷茫中思索该坚守还是跳槽;
- 提拔为北方区总负责销售的"80 后"若要晋升,只能离开妻儿孤身移居,纠结该升职还是离职;
- 以为仅凭经验就能稳坐职场高位的"70 后",频频受到来自"新生代"的挑战,郁闷是该让位还是"挺位";

……

在当今新技术爆发的时代,每个组织的发展均处于不确定的大环境中。随着全球经济发展放缓,"寒冬"来袭。每天都能传来××公司要裁员 20%、××公司已执行"告知当日走人"等一系列沉重的消息,这些消息让无数扛着日益飙升的生活成本、在职场打拼的职业经理人处于焦虑恐慌中:找不到自己的定位,找不到自己的方向,找不到自己的核心竞争力,找不到突破发展瓶颈的方法。他们感觉稍微打个盹儿就会发生"被顶""被挤""被压""被卡"的情况,如果未能提前预防或未能及时突围,将随时有可能被组织边缘化、被社会抛弃、被时代淘汰……

而那些已经走到职业巅峰的人,有没有可以借鉴的方法和秘诀呢?他们是如何选择自己的发展方向的?他们是如何规划自己的职业生涯的?他们是如何设定自己的职业发展目标的?为了实现目标，他们都付出了怎样的行动，提升了怎样的职业技能……

我们基于20多年的职场经历，以及在大型企业负责人力资源管理和员工职业发展规划的经历，带着上述问题分别采访了具有营销、技术、生产和供应链管理、人力资源管理、运营、咨询等不同职业背景的职场精英。本书共整理出10篇独立的文章。

每篇文章的第一个部分是讲述接受采访的嘉宾的职场发展故事，读者朋友们可以看到嘉宾在职场发展的过程中，在什么阶段遇到什么样的瓶颈、困惑、诱惑和挫折，当时他们是如何度过那段艰难且富有挑战的时光，最终突破瓶颈、超越自我、走向人生巅峰的。

每篇文章的第二个部分是还原作者和嘉宾之间的对话，读者朋友们通过对话内容可以进一步了解助力每位嘉宾在职场获得成功的职业价值观、人生价值观等。

每篇文章的第三个部分是我们结合嘉宾的实践案例以及自身感悟的职场准则所提炼出的职场攻略。在这个部分，我们归纳了能够预防瓶颈、突破瓶颈的可借鉴的理论和方法，提示了职业的发展不是只有在固定的组织里发展，也可以或通过创业或成为自由职业者等不同方式突破职场瓶颈、实现职业梦想！

最后，要感谢10位接受我们采访的嘉宾把自身积累的宝贵的职业经验、职业技能及想法毫无保留地分享给读者。衷心希望我们的共同努力能够为职场中拼搏的朋友以及即将步入社会的准职场人士的成长之路点燃一盏有温度的明灯！

严明花　肖维　王少晖

☺目录

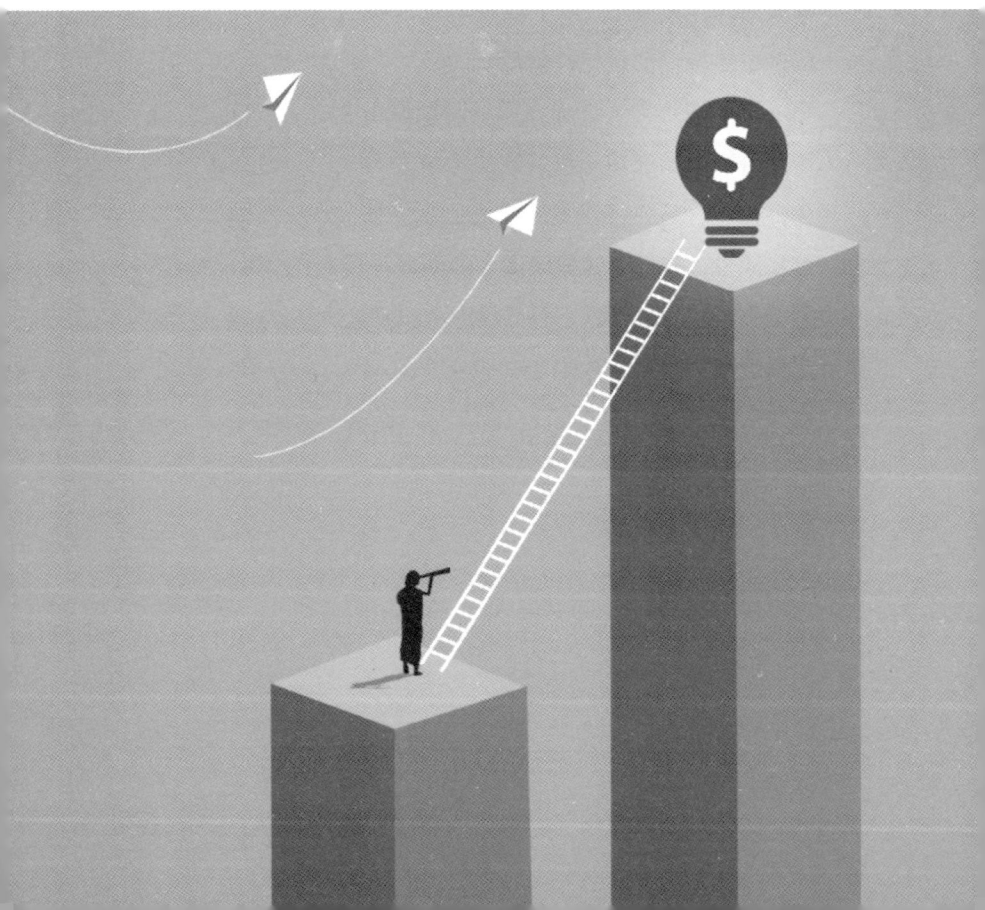

敢于挑战，自我立体化，
实现职业梦想

我和姜毅是北京大学光华管理学院的 MBA 校友，均任北大光华 MBA 面试官。近几年我们有过多次深入的交流，我认为姜毅在职业发展的道路上有着自己独到的思路和做法。

姜毅现任国内显示和照明行业巨头利亚德集团董事局董事、集团首席运营官。

在加入利亚德之前，姜毅先后担任过某军工单位的光电技术工程师、北京信能通数据系统公司联合创始人、法国拉法基集团中国区投后整合项目负责人及集团总部风控项目负责人、中国自动化集团公司运营副总裁等职务。

已经拿到北京大学光华管理学院 MBA 以及法国 ESSEC 高等商学院管理学硕士学位的姜毅，目前还在攻读在职管理学博士。

二十多年来，姜毅经历过技术研发、投后管理、风险控制、市场推广、运营管理等部门的工作，持续不断地丰富自己在不同体制、不同行业和不同岗位上的职业经历，使自己多元化、立体化，从此走上了职业巅峰。

初入职场，尝试改变

每个人的成长都有着鲜明的时代烙印。1993 年大学毕业的姜毅被分配到一家军工单位的技术科工作。

姜毅从基础的见习期技术员做起，一年后顺利转正为助理工程师，五年后评为工程师。"分配""安排""见习""评定"，无不体现着那个时代的特征。

20世纪90年代初的国有企业还没有进行彻底的现代企业的市场化改革，用人制度还比较保守。缓慢的工作节奏、周而复始的重复性工作和一眼就能看到退休的发展路径，显然与职场新人的理想和憧憬格格不入。

初入职场的姜毅像很多刚走出校门的大学生一样，有着相当"不安分"的一面。作为一名"不安分"的职场小白，姜毅一心想要改变自己的人生轨迹，不断调整自己的阶段性目标。但他得不到充分的职场信息，也没有受过真正的职场培训和职场指导，能做的就是靠自己去不断尝试。与其说是尝试，更不如说是试错，尤其是在那个没有互联网的年代，人们获得信息和知识的途径都非常有限。

姜毅一方面做好自己的本职工作，认认真真地完成自己的工作，另一方面试图改变自己的发展路径。他尝试过申请出国，后来又主动向单位提出办理短期的停薪留职，加入中关村的创业型企业从事市场工作：为激光设备配套开关电源，设计局域网络和广域网络接入方案，实施结构化布线项目，等等。

在停薪留职期间，姜毅感受到外部企业快节奏、充满挑战的氛围，这使他毅然决然地放弃了已经工作五年且非常有保障的"铁饭碗"，决定出来创业，把自己推向市场！

勇于创业，挑战自我

20世纪90年代末正是IT行业蓬勃发展的时期，在国有企业按捺不住的姜毅，以高昂的斗志与两个大学同学一起创办了北京信能通数据系统公司，追逐创业大潮。

创业初期，姜毅带领几个人的小团队不分昼夜地拜访客户、谈订单、做项目，全身心地投入到自己的新事业中。他们一方面承接小型的IT系统集成项目，另一方面开始摸索开发一些行业应用软件。那时，姜毅刚满25岁，与客户打交道时还略显青涩，给用户讲方案时还带着些许"学生气"。但也正是凭借这个年轻团队的真诚和勤奋，他们逐步拿下了北京首创期货交易大厅的信息系统项目、上海银行福州路分行以及中国银行镇江扬中分行的结构化布线项目等，同时开发出KTV点歌系统等一些行业应用软件。

历经两年奋斗，公司人数由最初的5个人增加到30多个员工。但在此之后，公司的发展进入了瓶颈期。一方面，公司的业务拓展始终停留在零散信息带来的项目销售上，很难形成行业性或者地域性的辐射；另一方面，随着项目的增多，项目回款不及时、不断提高的售后维修成本给公司的现金流带来了越来越大的压力。

当时的创业环境与现在不同，没有融资渠道，很难获得稳定的资金来源以支撑长时间的研发投入，因此很难实现"通过开发某些行业的应用软件在 IT 服务领域占有一席之地"的创业梦想。姜毅和他的创业团队发现"理想是丰满的，现实是骨感的"。为了先生存下来，公司的业务方向很快就由既定的应用系统开发被迫转向了能够养活自己的 IT 项目——今天谈一个电子教室，明天谈一个机房改造，后天谈一个广域网络接入……公司虽然能够生存下来，但是姜毅发现离自己的初心越来越远。

市场上大大小小的 IT 集成公司如雨后春笋般涌现，大家一窝蜂地都去做 IT 项目。这时，姜毅发现自己的公司已经战略模糊，没能打造出核心竞争力，没有充足的资金，没有独特的技术，也缺乏人际网络，单纯靠降价去换取订单使公司的发展道路越走越窄。

创业面临的困境把姜毅推到两难的境地，已经迈出国企的大门就不可能再回去，可继续创业又身心俱疲、困难重重。仅靠自我激励和强烈的精神意念是换不来公司的规模化发展的……

自我挑战了 4 年的姜毅，开始冷静地思考自己的优势在哪里。他想：这样仅仅停留在解决生计来源的局面不是他想要的职业状态，他的初衷是想借助更大的平台来实现自我价值，同时也为社会创造更大的价值。

经过三天三夜的深入的自我分析和思考，姜毅总结了自己的性格特征，清晰地判断出自己适合做什么、不适合做什么。他结合自己以往的职场经历、创业经历、知识结构以及周边资源，为自己确立了要成为卓越的"职业经理人"的职场目标。

明确目标，再次充电

在确定职业目标后，姜毅开始审视自己与职业目标之间的差距，并制定了明确的学习体系和职业规划。就像打游戏需要配备强大的装备一样，姜毅把攻读 MBA、去国外留学、进入国际化的大型企业等纳入日程表。

确定要读 MBA 后，问题紧接着就来了：读哪个学校的MBA？姜毅有两个很简单的标准。首先，根据自己的职业目标，尽量选择横跨中西的国际化的 MBA 项目。其次，想把自己从"理工男"转变为一个"社科男"。经过一番比较，他惊喜地发现北京大学光华管理学院有和欧洲商学院合作开办的双学位项目。姜毅咬牙备考，顺利考入北大光华 MBA 全日制班，并且在第二年申请到法国 ESSEC 高等商学院攻读管理学硕士学位。

姜毅在北大读书期间，不夸张地讲，可以用"狼狈不堪"来形容：要学习人力资源、财务管理、战略管理、宏观经济、市场营销等全新的知识体系，参加了为期四个月的全球在线商业竞赛，还要准备出国攻读双学位的考试。那段时光真的是"打鸡血"，累并快乐着，姜毅每天为了目标不断充电。

第二年远赴巴黎攻读 ESSEC 硕士学位时，姜毅的目标也非常清楚：一是拓展自己的视野，二是为将来进入世界 500 强企业打基础。

ESSEC 与其他欧美国家的商学院有着一定的共性。首先，它融合了多元文化，有时一个课堂上听课的 20 名学生来自 10 个不同的国家；任课老师可能来自法国，也可能来自英国、美国或印度。其次，它有很多贴近商业环境的案例课、讨论课、谈判课。接触大量的案例讨论和辩论，姜毅觉得既新鲜又具有挑战性。

经过为期两年的"再充电"，姜毅系统梳理了知识体系，强化了研究与谈判能力，并进一步激发了挑战精神，为投入国际型职业舞台做了充足的准备。

稳定积累，迈向国际

在从北大光华和 ESSEC 毕业后，姜毅如愿进入了世界 500

强企业——法国拉法基公司。有着创业经历的姜毅，上岗后不仅迅速融入团队，还能独立承担重大项目的管理工作。在拉法基中国大区工作 5 年之后，他又从中国调往巴黎集团总部工作了 3 年，前后在拉法基工作了 8 年。

在这 8 年中，姜毅有过两个关键的职业晋升：第一个是2007 年姜毅在拉法基从项目经理晋升为中国区投后整合部门经理；第二个是 2009 年姜毅从拉法基中国区调往集团总部工作，成为集团中高层管理者储备人才。他的每一步都是一次突破外企"天花板"的挑战。

2007 年，姜毅在拉法基担任项目经理时，负责新收购企业的业务流程整合。他的上级是一个外国人，其因为一直难以找到合适的突破口和抓手去整合并购过来的本土国有企业，最后被迫调回法国总部。公司意识到，外国人对中国文化的理解不够深，从而导致了整合工作难以开展，所以决定找一个华人来接替这个部门经理的职位，但是一直未果。在这半年时间里，姜毅通过自己的努力，在变革中寻求集团和本地企业高层的共同点，求同存异，最后在总监和部门经理都空缺的情况下，非但没有让并购后的企业的整合工作停下来，反而顺利地完成了试点企业的投后整合工作，并将其作为投后整合样板项目在法拉基中国区全面推广。后来姜毅得到上级这样的评价："Use soft way to do hard work(用柔和的手段完成艰难的工作)。"姜毅自然而然地接替了部门经理的职位，直接向副总裁汇报，承担了总监岗位的职责，顺利接手了原来一直被外国人占据的职位。

在外企工作期间，姜毅没有偏离自己的职业目标，不断强化自己的国际背景。在 2007 年进入拉法基集团的青年管理人员精英库后，他主动申请了拉法基集团与美国杜克大学 Fuqua 商学院联合举办的 EDP 高管培训课程，在中国和法国教育背景下又增加了美国的教育经历。在夯实自己教育背景的基础上，他也一直留意争取国外的工作机会。

功夫不负有心人。2009 年，拉法基总部从集团的青年管理者中选拔人员到巴黎总部做集团管控工作，作为未来的高层管理者培养。因为一直留意着国际工作的机会，姜毅从工作成绩、申请态度、语言等方面提前进行了准备，并且突出了自己在法国顶尖商校 ESSEC 留学的背景，最终凭借自己扎实的实力获得了去巴黎总部工作的机会。

到了法国总部，姜毅带领拉法基总部的风险控制团队成功建立起整个拉法基的全球信息应用系统风险控制标准、供应链体系标准工作流程及风险控制点，参与了集团化管理和风险控制体系的建立，把自己的视野从原来区域性的项目执行层面提升到了集团管理体系的设计和宏观部署层面。

在集团总部工作的 3 年时间里，姜毅走访了 20 多个国家的工厂、项目基地，见识了北美的发达、中东的富庶和非洲的贫穷，将自己的海外教育背景延伸为海外工作经历，不仅奠定了自己的国际化格局，还加快了自我的立体化速度。

顺应大势，洋为中用

在外人看来，姜毅在世界 500 强企业做得顺风顺水，甚至平步青云。30 多岁进入集团层面的高管培养人才库，又有了巴黎总部的 3 年工作经历，姜毅应该会顺理成章地升职为总监。可就在拉法基工作了 8 年后，姜毅在自己 38 岁时选择离开外企，加盟国内上市公司，成为中国自动化集团的企业管理总监，并在一年后迅速被提拔为集团副总裁，负责整个集团的运营管理。这样的转变让很多人深感惊讶。

姜毅当时的决策是基于他对职场看法的转变，从仅注重个人能力的提升转变为同时关注宏观经济对行业的影响，关注大势。2011 年年底，姜毅在从巴黎回北京之前，对国内的宏观经济形势和基建投入进行了仔细的分析，认为拉法基所在的水泥建材行业将会遇到相当长一段时间的发展停滞期。而且他也预感到，随着国内企业的成长和外资企业在国内的各种优惠政策的取消，外资企业在中国的发展"黄金期"将会逐渐发生变化。因此，姜毅选择离开外企、离开水泥建材行业，加入国内企业，回归自己了解的广义的电子行业。

从回到国内企业的那一天起，姜毅就带着强烈的使命感和责任感，把自己多年积累的国际管理经验与本土企业的需求相结合，洋为中用。在中国公司，姜毅运用在外资企业所学的内容，在短短一年的时间里建立起集团公司的风险控制体系，确立了集团与成员企业之间的职责分工、权限指引和工作流程，并把这些体系和流程固化在信息系统中，以实现集团的管理整合。

一年后，姜毅在未满 40 岁时被破格提拔为这家上市公司的集团副总裁，成为集团核心管理小组的成员，全面负责集团的运营管理。在之后的几年里，他一直承担着成员企业的战略目标制定、分解及考核工作，同时负责供应链集中管理和集团人力资源管理，进一步将自己塑造为复合型管理人才。

把握机会，实现梦想

原本打算在中国自动化集团为自己的职业生涯画上句号的姜毅，因一次偶然的机会，收到利亚德集团抛出的"橄榄枝"，经过半年时间的考虑，他最终决定再一次挑战自己。当时姜毅想：作为一个职业经理人，除了成就自己，更应该成就其所在的企业，让自己供职的企业在其行业发展的过程中留下一系列的成绩，为人类的科技进步、服务进步、商业模式进步留下可圈可点的一笔。

2016 年的春天，带着推动行业发展的使命感，姜毅正式加入利亚德集团，任集团首席运营官。但是如何稳步着陆，当好空降高管，立足新职位，是摆在姜毅面前的又一个重大课题！

利亚德董事会一方面希望姜毅能够把快速扩张的集团公司的整体管理架构和流程制度理顺，另一方面希望他能够接手日常的运营管理；同时，还希望他利用自己的海外工作经验开展海外业务。

姜毅静下心来了解集团的现状，分析出管理上的痛点：利亚德集团于 2012 年上市后由单一业务迅速扩展为 4 个业务板块、40 多家成员企业，需要尽快解决企业管理的诸多问题。有着多元化背景的姜毅判断，利亚德集团多元化的业务形态暂时不具备垂直整合的基础，所以先从接手日常繁杂的运营事务入手，分担董事长的工作量，之后逐步展开各项体系优化以及与国际业务的对接工作。

与很多高速发展中的公司类似，利亚德在销售和研发领域具有很强的实力，但公司的运营交付体系相对较弱，容易出现缺料断料、材料价格大幅波动等问题，严重影响了交付质量和交付的及时性。姜毅迅速找出运营环节中的弱点和痛点，从供应商管理入手，改变和优化供应商准入、评审、监督等管理体系，迅速稳定货源和供货价格，在很短的时间内确保了产品交付。在解决材料短缺问题之后，姜毅又向另一个顽疾"产品质量"出重拳，将原来集中在生产环节的质量管理扩展为覆盖研发、采购、工程、服务等环节的全面质量管理，对所有出厂产品进行编号并做全生命周期的质量跟踪。

姜毅在短短几个月的时间里解决了困扰公司多年的痛点问题，迅速赢得了董事长和高层管理团队的信任。在半年试用期还没有结束时，姜毅就被增补为集团董事局董事，兼任集团所属多家成员企业的董事长和执行董事。

在迅速建立信任基础后，姜毅开始根据公司的实际情况和发展需要，分步骤设计并推进管理体系改革，尝试推出事业合伙制等新的管理模式，挖掘内部员工和外部合作伙伴的潜力和积极性，鼓励原有员工内部创业，鼓励老员工二次创业。经过一年左右的筹备，目前体育、多媒体、系统集成等多项新业务已经形成了集团控股、员工参股的新型合作模式，为公司的发展孵化出新的增长点。

与此同时，姜毅利用原有的国际教育和工作经验优势，逐步对接集团的国际业务，筹建针对世界不同区域市场的不同产品和支持团队，主动承担国际业务的业绩指标，将自己各方面的才能全面施展出来。

如今，姜毅在国内显示和照明行业的龙头企业利亚德集团绽放自我，通过实现自己的职业梦想推动整个企业的发展，进而引领整个行业不断进步。

──────── **还原精彩对话** ────────

严明花：回顾一下，哪个阶段的经历对你的职业发展帮助最大？

姜　毅：入职拉法基的前三年的经历对我的职场发展帮助最大。入职后我被直接派到重庆负责整合刚收购的水泥厂。由于原来负责的领导是总部派来的外籍人士，跟被收购方的管理层沟通不畅、矛盾较大，双方关系激化，很难往前推进项目了。总部出于无奈，把该领导调回法国总部，想找熟悉中西文化的人来替代，但是一时半会儿很难找到合适的人选，此岗位空缺超过半年。当时我对水泥行业不是很熟悉，年龄又偏小，但是我凭借创业期间磨炼的沟通协调能力以及解决问题的能力，在法国总部的要求和被收购方的诉求之间找到平衡点，按我自己的方式努力往前推进项目，逐步得到被收购方高层团队的信任和配合，顺利完成了投后整合的工作。

之后我又陆续负责重庆周边 4 家工厂并购后的整合工作，统一组织架构和业务流程。这个任务我完成得很漂亮，让法国总部的领导们刮目相看。因为这些被收购的企业个个都是具有多年历史的老国企或混合所有制企业，均有固有的文化和流程，如果硬要按拉法基总部的要求整合，难度是相当大的。

有了这段经历，我晋升为投后整合部的部门经理并直接向副总裁汇报，等同于总监的角色。

这段经历也为我日后争取到法国总部轮岗奠定了基础。

严明花：你在哪个阶段明显地遇到瓶颈？当时你是如何突破的？

姜　毅：在我创业满4年的时候，我感觉遇到了严重的瓶颈。现在回想一下，当时的创业环境与如今的创业环境有着天壤之别，虽然我有满腔热血，但是前期准备工作以及对创业的认识是不充分的。当时给创业公司的定位是要做一家系统集成公司。可真正进入了一些行业，才发现需要有自己的软件，需要开发自己的应用系统，这就需要投入大量的资金。可当时我们没有融资渠道，一时解决不了资金问题。为了公司的生存，只好以短期收益为目标来接不同行业不同规模的项目以维持运营，导致公司无法在特定行业积累核心的竞争优势，公司规模也迟迟发展不起来，对此我万分焦虑。

后来经过一番冷静且深度的自我剖析，我决定终止创业之路，改走职业经理人的道路，于是我快速着手做相应的准备工作，做好清晰的职业发展规划，换赛道突破当时的瓶颈。

严明花：以你的观点，做职业经理人、自由职业者和创业者分别需要哪些核心性格特征？

姜　毅：我认为做职业经理人其实是一个"他证"的过程，即周围的人或你的老板说你行你就行，说你不行你就不行。因此，职业经理人做事需要缜密、细致、周全，性格需要较强的弹性。

自由职业者和创业者是一个"自证"的过程，就是你要证明你行。

创业者需要执着的性格，没有这样坚定的信念来坚持，创业很难成功。

自由职业者最重要的特征是要有很强的自律能力以及具有高于他人的一技之长。

以上 3 种职业类型的共性是，若想成功，就要有恒心以及前瞻性的规划能力。

严明花：如果你有一次吃"后悔药"的机会，你想改写哪段职业历史？

姜　毅：我知道人生是没有"后悔药"可吃的，但是假设有的话，我可能会重新设计 2004 年从北大毕业后选择职业平台时的决策。现在回想起来，当时我对行业发展大趋势的研究和把握是不够的，这方面的认识来得太迟了。当时我把关注的重点放在自身修养和技能完善上，一心想到世界500强企业就职，却忽略了行业背景，选择了与我之前的行业背景完全没有交集的企业拉法基集团。拉法基是在水泥、石膏板、骨料与混凝土领域均居世界领先地位，分布于全球80多个国家，拥有9万名员工的大型企业。但是我在拉法基工作的8年中，发现建材行业受国家政策以及宏观经济的影响很大，发展趋势也有很多的不确定性，而那个8年是中国互联网、科技行业迅猛发展的黄金期。这段经历导致我在电子行业内的资源积累比较薄弱，回归电子行业后不得不重新开始建立各种联系，恶补行业知识，来追赶行业的发展速度。所以，假设有机会重新选择，我也许不会跨行业。在相对稳定的行业基础上也可以规划自己在不同业务部门和不同体制下的多元化、复合型发展。

严明花：你如何看待职场的"成功"？你成功的秘诀是什么？

姜　毅：我对成功的理解很简单，可以从3个不同的角度来看。首先对自己而言，能在自己所在的领域做到最好。假设你做销售，你就要成为响当当的金牌销售；假设你是技术人员，就要在该技术领域成为"大拿"。要想做到这一点，就要给自己设定不同阶段的目标，如果通过努力使每个阶段的目标都达成了，就算成功了。所以，成功是相对的而不是绝对的，要跟自己的过去比，有了发展、有了突破就应该认为自己是成功的了。

其次，对他人而言，当你能把自己的工作经验总结并提炼出来，传授给他人，使他人得到提高或突破，这时你也是成功的。

还有，对行业、对社会而言，如果你能在一个有行业及社会影响力的大平台做到最高的位置，为行业发展做出贡献，引领行业的发展，你就是成功人士。

我自己的成功秘诀，首先是提前规划，我一般提前 3～5 年规划好自己的下一个发展目标。其次，我一直把自己的职业心态尽可能地拔高到最高的位置，做员工时用经理的心态，做经理时用总监、副总的心态，做总监时用总裁的心态来工作。最后，就是要持续学习，跨界学习。

严明花：要想预防职业瓶颈期，你认为应该做好哪些能力储备？你对想要转型、突破瓶颈的职场朋友有何建议？

姜　毅：我认为，以下 3 项能力的提升和储备是非常重要的。

第一项是要提升应对市场变化的能力。你要时时刻刻把自己的眼睛盯在市场上，我想，市场需要的能力才是真正的能力。初入职场的人不见得都要去创业，但是我建议如果有机会还是争取去做两年销售，或者看看有无内部创业的机会，或者找机会负责能独立核算的项目，尽可能地直面市场，在市场中得到锻炼。

第二项是提升快速学习的能力。这里指的学习不仅是通过书本来学习，更是指在实践中习得。假设今天让你去做研发，你就要把有关的技术理论"吃"进肚子里；明天让你去做财务，你就要去弄明白财务怎么做分录，财务报表怎么编制、怎么看。当然，我们说要尽量学有所用，但是到后来你会发现，当你需要转型或调整行业甚至走到更高的职位时，你所需要的知识和能力宽度非常广，这就需要平时的积累和提高快速学习的能力。

第三项是提高"不仅要低头干活，还要抬头看路"的能力。在职场中不能只顾自己手头上的活儿，更要善于观察周边环境的变化及行业变化的大趋势，这样才能获取必要的信息，在需要时适时调整方向，适应环境，否则连属于自己的机会都看不到、抓不住。

严明花：你觉得你心中一直有一条主线引领你前行吗？那条主

线是什么？

姜　毅：我始终认为自己的职场命运一定要靠自己来把握，不能被动地由公司或别人来安排。我不会等到某天让老板或人事找我谈离职费是多少。回顾我以往的职场经历，无论是从国企出来创业，还是后来去外企，抑或是从外企又转到民营企业，都是我处在平稳或最佳状态时主动做出的选择，而不是实在没有合适的位置或被边缘化后不得不做出的选择。自己的职场命运一定要自己把握！

严明花：你能做到今天的位置，你与众不同的 3 个特点是什么？

姜　毅：**第一个是积极主动**。我表面上看是很随和的人，其实我的内心一直是不太安分的。举例来说，我在拉法基工作了 8 年，这 8 年我在不同的岗位工作过，去过很多国家，处理了很多不一样的项目，基本上都是通过我积极主动地创造和把握机会来实现的。

第二个是勇于跨界。我记得谷歌前 CEO 埃里克·施密特曾经说过："Say yes to more things（答应更多的事情）。"这句话一直指引着我在职场上不断前行，以开放的心态接纳更多元的事物。无论是我所学的知识还是做过的工作，抑或是从事过的行业，都是跨界的。一个偶然的机会，经测试我发现自己确实属于在同一时间可以同时处理不同事情的人：在当职场新人时我就喜欢到不同的部门走走，了解不同部门的事情；只要我能处理，我都不拒绝做分外的事情。有时我也想，把自己弄得太"杂"会不会影响变"精"？但是当职位做到更高的时候，你会越发体会到过去的"杂"起到了非常重要的作用。

第三个是踏实肯干。大家会认为踏实肯干是职场人最基本的特征之一，而且是属于基层人员的职业精神。然而，我认为无论你身处什么职位、什么高度，都需要踏实肯干。尤其到了一定的高度之后，很多高层人员有想法却不肯干。你越不肯干，到后来就不会干了。不会干就很容易变成"纸上谈兵""眼高手低"。我碰到过不少高层人员把PPT做得很炫，讲得很好，但很难把方案落地。

严明花：你已经做到了上市集团的首席运营官（COO），走上了职业巅峰。你还有下一步的发展计划吗？

姜　毅：俗话说："不想当将军的士兵不是好士兵。"如果按照这个逻辑来回答你的问题，好像只有一个答案：做COO的就要把CEO作为职场目标，做中小企业CEO的就要把做大企业的CEO作为职场目标。

随着公司规模不断扩大，业务种类也越来越多元化，未来领导公司的一定是一个核心团队而不是一两个人，所以我更看重自己在核心团队里发挥的作用，而不是简单地把职场发展等同于职位的变化。

更重要的一点，职业经理人是与公司共同成长的，只有你所在的公司成长了，你才能更大地实现个人价值。所以下一步我会在利亚德集团的核心团队多发挥作用：一方面，推动自己所在的企业在行业中巩固领先地位，从技术、产品和模式创新上引领整个行业的发展，为人类的视听享受造福；另一方面，帮助企业打造更强的国际影响力，使自己的企业能够在国际市场占据领先地位，为中国企业走向世界树立一个成功的典范。

严明花：最后，请送给年轻的职场人一句话。

姜　毅：目之所及决定了你职场的宽度，心之所思决定了你职场的长度，行之所至决定了你职场的高度。

我希望新一代的职场人能记住：一个人的眼界和境界决定了你的职场空间，而行动才决定了你在这个空间实际能达到的职场高度。

─────── 职场攻略 ───────

一、规划职业发展道路，找准自己的动机是关键

从美国心理学家戴维·麦克利兰（David Clarence McClelland）提出的"冰山模型"（如图 1 所示）以及在此基础上由理查德·博亚奇斯（Richard Boyatzis）提出的"洋葱模型"（如图 2 所示）来看，知识和技能只占一个人职业表现的 25%，而 75% 取决于看不见的内在胜任力。

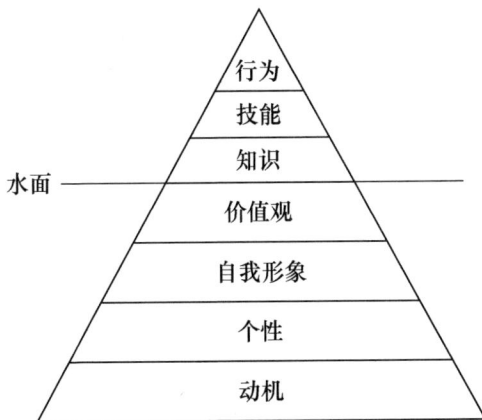

图 1　冰山模型

这两个模型的原理很接近，都认为最核心、最关键的要素是动机。所以首先需要清楚地知道自己的动机是什么，待明确

动机后就可以认识自我并确定职业发展的大方向。有了大方向，就可以定位角色，树立职业价值观、个人形象以及个人特质，来提升自己的职场核心胜任力，进而实现自己的职业目标。

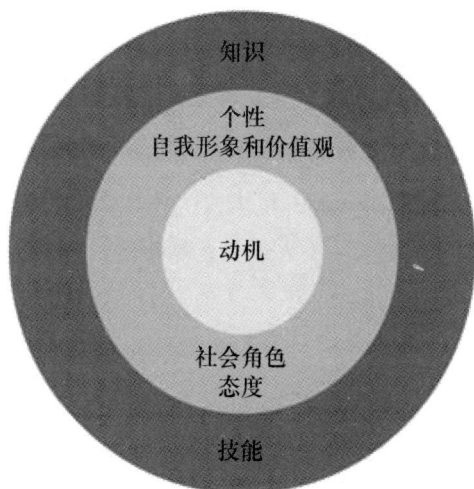

图2　洋葱模型

动机是什么？麦克利兰认为，动机就是获取成就感的方式，可分为成就动机、影响动机和亲和动机。

成就动机高的人喜欢"把事情做好"，这种类型的人适合发展为开拓者、某个领域的专家。

影响动机高的人喜欢从"指挥别人、操纵别人"中获得成就感，这种类型的人适合发展为最高领导者、创业者。

亲和动机高的人喜欢"追求友谊、信任和合作"，是团队的黏合剂，适合发展为卓越的职业经理人。

从姜毅的职业发展历程来看，他的 3 个动机都很高，但其亲和动机高于影响动机和成就动机。所以，当他在创业路上遭遇瓶颈时果断终止了已经坚持了 4 年的创业道路，改走做卓越的职业经理人的道路。

确定了发展方向，姜毅按照大方向重新定位自己的角色，并分析当时自己的状态与发展目标之间的差距。他通过到商学院"再充电"，使自己从"理工男"转变为"社科男"。

之后，姜毅加入跨国公司拉法基，独立负责推动投后整合项目，以此来进一步打磨职业经理人所需的分析问题、解决问题的能力以及沟通协调、资源整合的能力等各项核心特质。他不断提升自己的职场胜任力，最终成功做到了大型上市集团的 COO。

如何找到自己的动机？如何判断动机的高低？

专业上，通常采用行为事件访谈法（Behavioral Event Interview, BEI）。BEI 是一种开放式的行为回顾式探索技术，是揭示胜任特征的主要工具，主要通过回忆过去半年（或一年）内在工作上最具有成就感（或挫折感）的关键事例绘制个人画像，了解自己的行为模式。不过，BEI 需要多次访谈和专业人士参与。然而，一个简易的方法是重复问自己以下几个问题：

- "我最成功的一件事是什么？"
- "我是如何做成功的？"
- "我最大的优点是什么？缺点是什么？"
- "给我挫败感最大的一件事是什么？"

- "是哪个环节使我产生挫败感？"
- "当我面临难题时，我更愿意通过什么方式来解决难题？"
- "我最想成为什么样的人？我最崇拜的是谁？"

根据上述问题的答案，你会大致知道自己的成就动机、影响动机和亲和动机是高、中、低。

二、自我立体化，是当今最强的职场竞争力

在当今的 VUCA 时代，"单片人才"很难在职场中获胜。时代需要人才不断自我"T"型化，"十"型化，更需要自我立体化。

什么是"T"型人才？

图 3 所示的"T"型人才是指知识面比较宽、有较深的专业知识的人才。他们既有较宽的知识面，也能在专业上独当一面，但相对不易冒尖，缺乏创新。

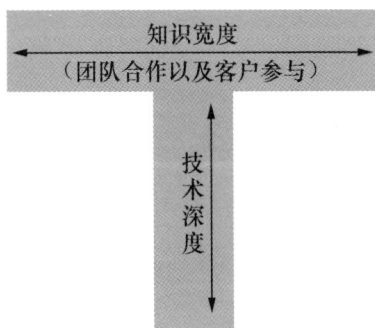

图 3 "T"型人才

什么是"十"型人才？

"十"型人才是指既有较宽的知识面，又在某个领域有比较深入的研究，更重要的是具有敏锐的嗅觉、独到的市场眼光和有魄力的创新精神的人才。

什么是"立体化"人才？

"立体化"人才是指在具备"十"型人才特征的基础上，持续保持激情、具有强烈的探索能力以及具有推动行业、社会发展使命感的人才。

如何实现自我立体化？

1. 具有一颗"不安分"的心

随着人工智能已经开始替代很多标准化的工作岗位，加上大规模充满活力、个性鲜明的新生代员工涌进职场，再也没有什么稳定且固定的职业了。若一心想保住稳定安逸的工作，等同于慢性的自我淘汰。

姜毅的"不安分"从应届毕业生时期就开始展现了，当时的他按所学专业分配到国有企业的技术科，可他就是喜欢到不同部门了解各个部门的工作内容，并且每两年给自己设定不同的发展目标来验证和提高自己。他还大胆地办理过停薪留职手续，到外面的世界去"试试水"，试水之后勇敢地从体制内走出去，把自己推向了市场。姜毅正因为这样的"不安分"，才能一路敢于挑战、创造机会、持续拼搏，实现了自己的职业梦想。

2. 加深专业领域知识，拓展知识结构，以开放的心态接纳新生事物

从现代社会经济发展的趋势来看，单纯的雇佣关系即将淡化，个人和企业之间将以合作的方式共同创造价值，人人需要通过当自己的 CEO 来经营自己。因此，知识结构单一、自我封闭的人很难应对即将开启的超职场环境。

姜毅在选择做职业经理人的发展道路之后，通过读 MBA 的方式，潜心深造，在国内外顶级商业学院快速学习人力资源管理、财务管理、战略管理、市场营销、金融等知识，开阔了国际视野，在扎实的专业基础上拓展了知识结构。

基于上述知识结构，姜毅在加盟拉法基集团时，可以选择投后管理部的职位并能出色地完成纯外企和老国企的多个整合项目（当时可供他选择的部门还有信息管理部、市场部、投后管理部）。

有了这样良好的业绩，姜毅才能被选拔到拉法基集团法国总部轮岗。轮岗的 3 年中，姜毅走访了 20 多个国家的工厂，以开放的心态面对和接纳不同国家的文化及新鲜事物，不断优化拉法基的全球信息应用系统风险控制标准、供应链体系标准工作流程、风险控制点等一系列核心业务管理流程。

3. 善于洞察市场变化，提升创新能力

中国互联网行业的崛起，使各行各业的市场竞争格局发生了颠覆性的变化。眼光仅仅停留在自己工作的"一亩三分地"，却不知市场大环境的变化趋势，迟早会被企业、被行业、被时代所抛弃。

晋升到职场中层管理者以后，姜毅有意识地关注行业市场的动态以及中国宏观经济政策对各行各业的影响，清晰地分析出建材行业和电子行业的变化趋势，并果断地从建材行业换回自己熟悉的电子行业，顺着电子行业的快速发展，对后续服务的两家企业的创新与发展起到了重要的作用，进一步巩固了自己在企业内以及行业内的个人地位。

4. 具有推动行业发展的使命感，提升整合资源的能力

在职场，随着职位的晋升，领导者之间用来做比较的核心能力不再是具体的做事能力，而是谁具有强烈的使命感来带动行业、企业和团队发展，谁能快速整合行业内资源或跨行业资源来创造价值。

姜毅加入利亚德集团以后，不仅迅速解决了多年来困扰企业发展的管理难题，还整合了行业内外的资源，为利亚德集团增添了体育、多媒体、系统集成等多项新业务板块，并倡议推动员工参股的新型合作模式，为公司的发展孵化出新的增长点，力争为行业发展做出贡献。

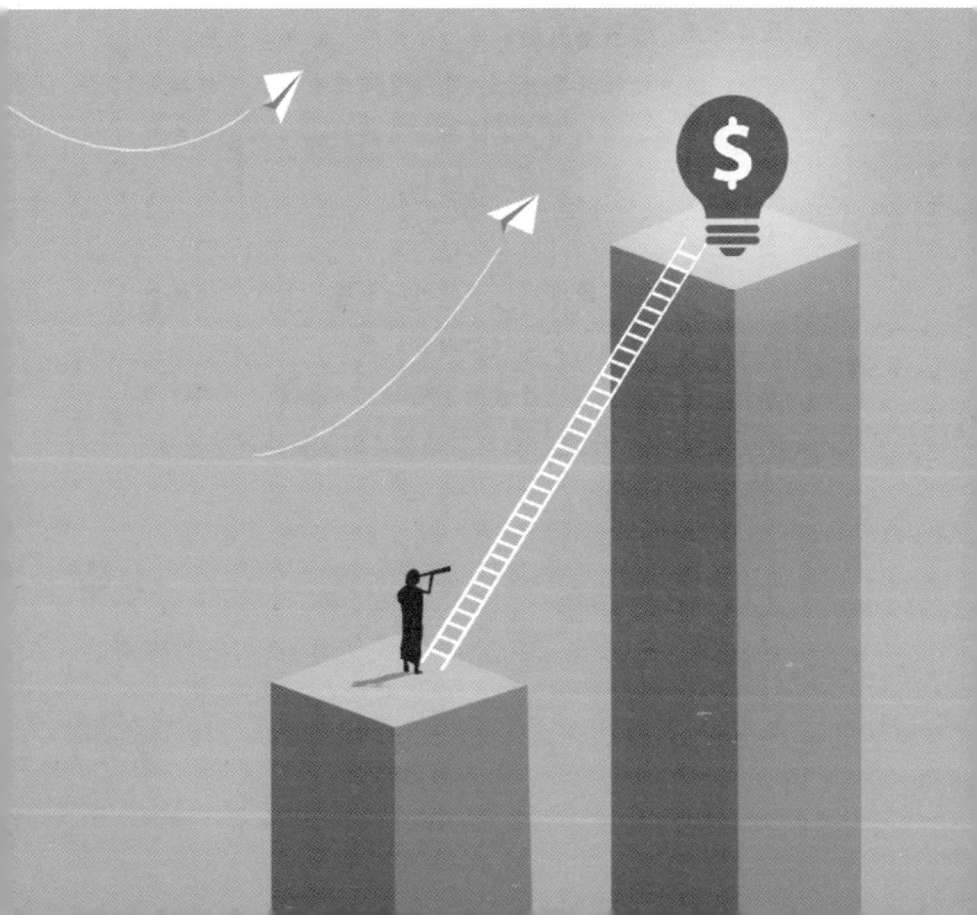

终身学习，自我迭代，
保障你的职业未来

我和丁丰是 20 年的老朋友，我们俩曾先后入职三星中国并共同打拼近 15 年。所以，她的每一步职业发展我都看在眼里、认可在心里。

丁丰是一位性格非常坚毅、目标性很强的职业女性，她常常以 5 年为一个单位来提前设计自己的职业目标，想尽办法实现自己制定的职业目标。

丁丰从一位普通的财务管理专员，主动申请转到销售部，并晋升为销售经理、总监。不甘安逸的她再次创造机会转到市场营销部，从此高歌猛进，成功晋升为三星中国的营销副总裁。

如今的丁丰，已经完成了哈佛商学院王牌课程 AMP（Advanced Management Program）高级管理项目，成功拿到"终身哈佛校友"身份。在外人看来已经登上职业巅峰的她，为了更高的职业目标，又申请并拿到了哥伦比亚大学访问学者的身份，开启了新的旅程。

心中有梦想，北漂也开心

早在 20 世纪 90 年代，走出大学校门的丁丰心怀梦想来到北京，成为一名"北漂"，对未知的一切充满了好奇。当时"北漂"的居住环境和交通环境很艰辛，她也不例外，十多个人合住在北京西郊的一间集体宿舍，她每天自行车加地铁穿梭在北京城上班。虽然艰辛，但生活充满了乐趣和希望。20世纪90年代的北京，国贸大厦和外企对年轻人而言充满了诱惑，经过重重面试，她如愿拿到三星的录用书，成为令人羡慕的一位外企白领。

然而，外企的工作并不只有表面的光鲜，高强度的工作也让人望而生畏，起早贪黑是常态。工作第一年的新年之夜，丁丰是在公司里度过的。刚刚引入本地的财务管理系统并不稳定，她和同事们整夜盯着电脑，进行年度财务结算的手工和计算机的核对，终于在新的一年的清晨完成了工作。当她踩着飘落的雪花回家时，心中无比充实。相较于身体的疲劳，职业的挑战和成就感更让她欢欣鼓舞。此刻，北京于她而言更有了家的归属感，她对自己的职业生涯充满了信心！

1992年是中韩建交之年，三星率先走入中国市场，在天津、苏州等地大规模投资建厂。丁丰当时所属的部门是三星集团中国总部的经营管理部，主要的工作是与各个生产法人对接，收集整理中国内地投资和财务状况分析报告，接洽各地的税务机构，同时监管审计。一般人认为这份工作太基础、单调、乏味、担心不能发挥个人价值，可丁丰却想，再简单的工作也要干得出色。当时她面临两大挑战：一是语言，二是中国的财税政策。她认定只有通过学习才能不断地掌握工作的主动性。为了解决语言短板问题，丁丰参加了中央民族大学为期3个月的韩语培训，快速攻克了语言关，同时每天提前1个小时来到公司给韩国领导教中文，变相学习韩文，不断强化语言沟通能力。同样，凭借对新政策的钻研精神，她主动与税务总局和地方税务局接触并联合组织培训，将各地的投资和出口退税政策整理清晰，帮助新进的各个法人顺利渡过财税难关。

经过5年的辛勤工作，丁丰的工作能力得到了各生产法人财务部门的高度认可，她也成为公司管理部门的核心骨干。

之后，随着亚洲金融危机爆发和中国内地市场的迅速崛起，三星在中国的重点从建设生产基地转为扩大销售。丁丰也熟悉了管理部的各个业务，不再满足安逸的财务管理，希望能够成为营销部门的一员，接受市场的挑战。

丁丰主动与部门领导和人事部门领导商谈，表达了转岗的意愿。2000年，机会终于来了，三星显示器部门在中国最先快速扩大内销组织，她被推荐到该部门。虽然没有任何销售方面的工作经验，但人事部为她担保："能在管理部工作得很优秀的人，在销售部门也会一样出色。"有了人事部门的信任和推荐，有了自己原来部门领导的鼎力支持和背书，她成为公司明星销售团队的一员。

快速学习，提高全球视野

随着中国IT市场的崛起，三星显示器快速进入各个城市的电脑城，带动了各区域的广告宣传，战胜老牌显示器老大飞利浦，拿下当之无愧的市场第一名。三星营销团队的人数不多，每月要与全国各地的总代理举行工作会议，商议任务和策略。对于丁丰来说，工作形式有了很大的变化，她不再只有办公桌前的各种数据、表格，而是整个中国市场的营销策略、客户谈判、团队建设。

丁丰再次感觉不能坐等，必须主动出击。进入销售部门的第一个月，她花了两周时间，跟着新领导走访了 9 个核心城市的 IT 卖场，拜访地区客户，北起哈尔滨，南到广州，走过上海、南京、武汉、福州、沈阳、西安等城市，在实践中快速积累实战经验，她的视野豁然开朗了起来。

虽然只是营业部门中负责营销物料管理的新手，但丁丰敏锐地觉察到市场营销的机遇。2001 年，中国足球在米卢的带领下首次冲进世界杯后，她主动建议和阿迪达斯合作，提出了利用世界杯推广三星液晶显示器的营销方案并获得认可。"三星液晶显示器勇闯世界杯"系列营销活动正式启动，趁着世界杯的热度，开展了一波又一波的营销活动，足球队的明星球员也被请到各地与球迷互动，新品快速在中国推广开来。

来到明星团队的最大优势是，有了更多的机会与三星全球高层见面沟通，向成功者学习实战经验。

如今回忆起来，对丁丰的职场产生深刻影响的是两位前辈。一位是三星数字媒体事业部总裁陈大济先生，他于 2002 年登上消费电子展（Consumer Electronics Show，CES）的主席台，成为首位亚洲公司的演讲嘉宾，他关于未来数字融合的演讲引领三星成为数字时代的先锋。另一位是 GMO 三星全球营销部门的总裁 Eric，他整合各产品线和各区域营销策略，构建了统一的品牌形象，启动"三星数字世界欢迎你"的全球品牌活动，带领三星品牌知名度连续几年快速提升。近距离看着这些成功人士身上散发出的光芒，丁丰在内心又悄悄埋下了要成为国际化人才的新梦想。

三星向全球超一流企业迈进，也带给丁丰新的舞台和新的梦想。2002 年她成为中国区的代表之一，参加了在韩国首尔举办的三星全球营销峰会（Global Marketing Summit）。在为未来激动不已的同时，她也感到了深深的忧患：自己要成为国际化人才还有太长的路要走，全球化的市场需要全球化一流的领导者。

当时，她发现在全球峰会的舞台上，来自世界各地的客户与员工代表全程用英语演讲和沟通，这给来自中国的代表们很大的语言压力。丁丰意识到，比中国同事多掌握一门韩语已经不能成为优势，如果要跟上三星全球化的步伐，必须提高个人的职业素养和全英文表达能力。

跨出国门，加快实现自我国际化

变化比想象中来得更快。2003 年，三星电子在中国陆续设立了几家营销分公司，在强化培训中方现有核心干部的同时还空降了不少拥有国际品牌公司背景的人才。不服输的丁丰在心里又起了波动，隐约感觉以往的工作业绩和三星经历不能保证自己日后在三星稳步发展，若不采取行动，很可能被外来的"空降兵"所替代。

丁丰再次咬牙加快了个人的学习进度，她利用假期参加了新东方的英语培训。为了抓紧时间增强英文实力，已经是世界500强企业骨干的她在北京郊区的住宿培训班里与一群准备出国考试的大学生一起度过了春节。

让丁丰更按捺不住的是，2004年年初，三星韩国总部派来了一位美国名校MBA背景的新领导，同时空降了来自国际名企英特尔的职业经理人加入丁丰所在的部门。顿时，语言问题和竞争压力陡然增大。丁丰认为，仅在国内补习英文是解决不了核心问题的。经过深刻的自我纠结和考虑后，她果断辞职，奔赴英国深造。她相信MBA学位和国际视野将给她带来快速提升，提高个人的核心竞争力，确保自己在企业全球化背景下的优势。

西方的案例教学和批判性思维带给丁丰开放的视野，她投入到战略、财务、营销、运营方面的学习中，用曾经的实际经历作为案例与各国同学展开讨论，并且选择了跨国企业供应链管理作为研究课题。理论和实践相结合，"在华外资企业的供应链研究"让她获得了优异的论文成绩。

用实践和持续学习，力争成为顶尖领导者

2005 年，三星在全球和中国市场快速布局，求贤若渴。MBA 毕业时，丁丰又被三星聘回，直接被任命为三星华北分公司数码产品部的营销总监。此时，她克服了语言和学历的障碍，带着光环回到熟悉的团队，将理论与实践结合起来，跟随三星中国市场成功前进的步伐，成为公司一位优秀的团队领导者。

归国后的最初两年，丁丰带领华北数码营销团队，负责MP3、数码相机等产品的营销工作。虽然是公司的小产品，但由于三星全球数字化战略布局，需要每周直接向中国区总裁报告，每月在各大分公司进行销售竞赛。凭借 IT 市场的实战经验和理论功底，她的团队业绩遥遥领先，并得到高层的认可，连续两年获得"大中华区最佳销售团队"的称号。

2008 年北京奥运会是三星品牌快速崛起的绝佳时机，丁丰也抓住了这次锻炼和学习的机会。她作为三星电子市场营销的核心人才，到韩国参加了全球市场经理的培训，了解三星品牌的全球战略和区域渠道战略，更加细致地学习了三星在美国市场运作的成功经验。

丁丰在奥运年晋升为华北分公司的市场总监，带领战略企划、品牌促销、流通投资、终端人力管理四大核心团队，管理

跨越手机、彩电、白电、数码和 IT 全产品的营销活动。北京奥运会的市场推广帮助三星确立了品牌优势地位，以手机产品为主导，多产品线联合营销，华北区的销售实践进入三星全球优秀营销案例库。

三星的企业文化是"狼性拼搏与竞争"，强调"数字是人格"。但在丁丰看来，商业不是和数字打交道，而是和人打交道。她在华北分公司负责全产品市场营销业务时，苦于业绩徘徊不前，于是开展了"BE A LEADER（成为领导者）"的内部培训与激励的系列活动。从公司高管到基层一线促销员全部加入对公司业务的大讨论及领导力的培训，树立主人翁意识，破除部门障碍，增进相互理解和沟通。丁丰带头搭建了学习型组织，不仅自己学习，更带领和鼓励大家一起学习。

当年，分公司各产品线团结一致，第一次成为最佳分公司，华北大区的大旗在年度大会会场飘起。她主导的"全员激励，共同学习成长"项目也成为三星大中华区的优秀事例，予以推广。丁丰成长为名副其实的顶尖领导者。

主动走出舒适圈，向社会各界精英学习

凭借在分公司的优秀表现，再加上丁丰想到更高的组织层面锻炼自己，丁丰把职业发展目标定为调入三星电子中国总部

的市场部。经过多轮的内部沟通与协调，2011 年丁丰终于晋升为三星大中华区市场部总监，分管品牌活动和产品推广。通过伦敦奥运营销、校园营销、公益营销等项目，三星品牌蒸蒸日上。同时，在三星手机系列新品上市方面，她采用了更多新型的推广模式。特别是 GALAXY NOTE 上市时，当时无法判断市场对大屏和触屏笔的接受程度，丁丰与领导商议，大胆采用 8000 台新机免费试用的方案，通过体验营销和新浪微博、腾讯微博的互动分享，创造了空前正向的市场反馈。当年 NOTE 成功上市，中国成为全球最重要的 NOTE 销售市场之一。而丁丰也得以在三星总部向来自全球的营销专家用全英文分享中国的成功经验，丁丰终于成为她梦想中的样子。

顺利晋升到总监职位后，丁丰感到遇到了职场瓶颈。她一边在工作中默默隐忍，坚持寻求突破，一边把一部分时间和精力分配在工作以外的事情上，主动扩大交际圈，与其他圈子的朋友连接在一起。

经过自我分析，丁丰选择了 3 个重要的圈子，与这些圈子里的朋友们连接，突破认知的局限，从外部世界寻找积极的正能量和突破口。

一是加入跑团。跑步随时随地都可以进行，出差的早晨，周末的早晨，加班后的晚上，通过跑步来认识自己，进行自我对话。跑团里的伙伴常常分享健身知识，组织马拉松比赛。在这里，她认识了一群热爱生活、活力四射的跑友，在相互的鼓励下，丁丰实现了一个又一个突破。她从 5 公里、10 公里、半马到全马，甚至完成了马拉松六大满贯赛事。

二是加入北大 MBA 人力资源协会。在这里，丁丰与知名教授和校友一起探讨社会现象和人力问题。她成为北大光华 MBA 招生面试考官，每年参与考评新生，在不断的面试和交流环节中，她了解了各行各业年轻人的思维，通过进一步学习加深了自己对新领域的理解。

三是加入知名企业家协会。丁丰与国内企业家一起学习经营理念和传统文化，研究新的市场环境和新的经营模式对传统企业的影响。

当直线发展遇到瓶颈时，丁丰就这样有策略地横向扩展自己的工作与生活半径，持续学习，储存能量，扩大视野，积极准备迎接新的挑战。凭借后续 3 年的付出和努力，她于 2016 年成功晋升为三星电子中国营销副总裁。

迎接新挑战，走向哈佛

20 年跨国公司职场生涯走向巅峰，未来还会有什么样的可能性呢？在民族品牌复兴和新商业模式崛起的时代，更不能固守原有的职场理念和传统思维。或者成为颠覆者，或者变成被颠覆者，必须有个选择。丁丰选择走出舒适圈，向下一个人生梦想迈进。

哈佛商学院一直以来是无数人向往的学府，而其中的 AMP 高级管理项目更是全球职业经理人的梦想，这是通向大型跨国公司 CEO 的捷径。

为了实现哈佛梦想，丁丰提前一年开始了各项准备工作。她去哈佛上海中心多次沟通和面谈，分析项目的要求和自己的差距，不断提升自己各方面的软硬件条件。通过在公司内部组织学习型小组，她培养了案例讨论和归纳总结的习惯。2017 年时机成熟，丁丰成功地被录取了。丁丰要与全世界最优秀的职业经理人一起坐在哈佛商学院的课堂上，共同研究企业案例，探讨个人和企业的转型之路。

―――――――――― **还原精彩对话** ――――――――――

严明花：我看你是按 5 年为一个单位制定目标的，这是基于什么样的思考方式？

丁　丰：我以前读过一本书，叫《战略性思考》，书中提倡积极和主动的思维方式规划职业和人生，对我的职场影响很大。人生需要一步一步往上走，不能在一个地方待着，否则，时间长了会形成惰性，丧失往上走的能力。书中也推荐 5 年为一个阶段制定职业规划，1 ～

2 年时间太短，做不出成果；而超过 5 年则太长，很多因素不好预测。回顾我 20 多年的职业生涯，以 5 年为一个阶段设定目标并付诸行动，即使在同一家公司工作，也经历不同岗位的精彩，感受到了成长的快乐。

严明花：你是学经济学专业的，在管理部门发展得也挺好，为什么一定要转到销售部门？在一家大公司很难按照自己的想法实现转岗，你是怎样做到的？

丁　丰：作为职场新人，不论在什么岗位，先要尽一切努力做好自己的工作。在逐步适应的过程中，才能够认识到自己实力和真正的热情所在。管理部门的工作相对稳定，重复性工作较多，几年后已能完全胜任。而当时三星中国从全球生产中心向品牌和内销中心转化时，我觉得营销工作更具挑战，也更适合我的个性，就义无反顾地向公司提出调岗申请。当然，转岗也不是我一开口提出就得到支持的，需要反复找人力资源部以及自己部门的领导再三表达我内心的发展诉求，让他们理解，转到营销部门对公司的发展更有帮助，也更能发挥我的优势。另外，我能实现转岗得益于我在前 5 年几乎全 A 的工作表现，得到了直接领导的信任以及人力资源部的认可，关键时刻他们对我的为人和工作能力给予了肯定与背书。

严明花：你在三星工作长达 20 年，哪一个阶段的经历对你的发展帮助最大？哪一个阶段你明显遇到了瓶颈？当时你是如何突破的？

丁　丰：现在回想起来，在公司度过的第一个七年之痒，对我的个人发展帮助最大。那个时候我成为课长，进入管理层，得到领导的信任，看似一切顺利。而对我来说，那一段也是我职场发展危机感最强的一段时期，也就是最明显的瓶颈期。

当时的危机感来自两个层面：一是韩国总部派来了一位拥有美国顶尖 MBA 背景的市场部领导，他非常擅长国际化高端品牌的运营管理，但只用英文沟通，在与他的沟通过程中，无论是在语言方面还是思维模式方面我都感到有很大的障碍；二是公司为了扩大中国市场的占有率，在同一个时间段陆续从外部招聘了多位有国际大牌公司背景的"空降兵"。双重压力直面袭来，我意识到自己的知识结构以及国际化程度跟不上企业发展的速度，丧失了职业竞争优势，职业上升路径受阻，很难突破。经过一番自我分析和思想斗争，我果断辞职，走出国门到海外深造，游历欧洲与美国，不断扩宽国际视野。我拿到了 MBA 学位，不仅完善了我的知识结构，也大大提升了我的英语沟通能力，提高了多元化组织的管理能力，使我能够非常自信地接受三星的返聘邀请，并直接担任数码营销总监的职位。

严明花：如果你有一次吃"后悔药"的机会，你想改写哪段职业历史？

丁　丰：实际上，这个世界上并没有后悔药可以吃。所有的经历都是有益的人生财富，也就是人们常说的，人生没有白走的路，每一步都算数。如果要我总结20多年的职场，我会更多思考如何成为一个真正的领导者，而不仅仅是经理人或执行者。进入零售管理部门后，我自己带领过超过2万人的家电和手机零售团队，曾经我也很迷信高效透明的西方管理体系和狼性文化。在业绩下滑时，作为管理团队的一员，我们没能好好反思市场的趋势和策略的问题点，而是给团队施压，强化业绩考核，造成信任破坏，人员流失。现在我明白，恐惧和压力并不能产生生产力，爱和信任才可以，人性化管理和相互信任才更能激发团队的战斗力。

严明花：你如何看待职场的"成功"？你成功的秘诀是什么？

丁　丰：我想从两个不同的角度来谈谈我对职场成功的理解。一是从个体角度讲，首先要认识自己，确定明确的职业发展目标，树立成长型思维。无论是长期目标还是短期目标，只要你不断地在向目标走，而且你在这个过程中感到幸福和充实，那就意味着你是成功的。二是从团队管理者的角度讲，当你管理的团队规模越来越大，并且你能够帮助更多的人与你一起不断学习和成长，从中得到更多的人的认可和尊重，而且有一群人愿意长期跟随你，那就意味着你是成功的。

另外，对于职场成功而言还有一项非常重要的指标，就是如何兼顾事业和家庭。若你为了自己的事业抛弃了家庭，那么取得了再大的事业成就，也很难称为成功；反之，你在为事业打拼时依然能与家庭成员保持亲密关系，并且家庭成员是你持续感到幸福的源泉，那么你的事业会更成功。事实上，对于一位女性领导者来说，很难两全。就我个人来说，有些阶段我恨不得把90%的精力都投入在工作上，忽略了家庭。幸好我及时调整，得到了家人的支持和谅解，寻求到完美的兼顾事业与家庭的解决方案。

严明花：你从英国读完 MBA，肯定有不少好的机会到其他跨国公司工作，你为什么接受返聘呢？大家都说"好马不吃回头草"，你是怎样理解这句话的？

丁　丰：我出国读书的初心是要成为优秀的国际化人才。当时三星电子正处于快速成长期，全球化进程取得很大突破，欧美市场广告宣传到位，品牌上升非常迅速，三星电视在 2006 年的市场占有率已经全球第一。我在英国读书时能感受到三星的崛起，为三星的全球市场表现感到骄傲。当时，我认为如果跟得上公司的发展，我也一定会快速成长。所以，当公司抛来橄榄枝，我就欣然接受了。

严明花：你觉得在你心中一直有一条主线引领你前行吗？那条主线是什么？

丁　丰：勇于迎接变化，保持激情和好奇心，不断成长。

严明花：你能走到今天的位置，你具备的与众不同的三个特点是什么？

丁　丰：保持持续学习的激情和动力；对市场变化敏锐的感知力；坚持到底的意志力。

严明花：你已经到全球最顶尖的商学院学习过，也走进哥伦比亚大学的校园，后续又定好了一个 5 年计划吗？突破个人成长瓶颈下一个 5 年计划的内容是什么？

丁　丰：下一个阶段，我希望能够在人生的广度上拓展，完成多种角色的转化，兼具企业家、学者和社会公益人的身份。目前，我接受哥伦比亚大学的邀请，在中国企业全球化的课题上进行深度研究，致力于帮助中国企业的全球化实践；同时，我也成为全球化智库的常务理事，与政府、学术界、企业界共同探讨全球化课题，为国家和企业的发展献计献策。这个阶段我想用我个人多年的经验，帮助更多的职场人和企业完成国际化转型。

严明花：最后，请送给年轻的职场人一句话。

丁　丰：不要做"井底之蛙"，一定要培养战略性思考能力，提前规划未来并付诸行动。

—————————— 职场攻略 ——————————

一、终身学习，保证不被时代抛弃的"秘密武器"

1. 为何要终身学习

尤瓦尔·赫拉利在《今日简史》里提到："人类正在面

临前所未有的变革，人工智能的崛起将会造成人类社会大规模的失业，而这种失业与过去的失业不一样，大部分工作将被人工智能所取代，会使很多人变成无用之人。"

目前，很多人相对乐观地认为只有面对具体问题的领域，例如，维修、医生、律师、设计、编程等工作才容易被人工智能所取代；而需要创造性的领域，例如，艺术、文学、商业等工作是人工智能取代不了的。但是，实际情况并不是这样的！现在的人工智能已经可以创作非常高级的歌词和音乐，人工智能的创造能力远超人类的创造能力，没有哪个领域的工作可以幸免。

我们还要正视，人工智能在取代现有人类工作的过程中创造出来的新的工作机会都是高端的工作岗位，这些工作只有掌握高新科技的人才能够胜任。这也意味着你若没有及时学习新知识来持续提升自己的工作技能，将无法失业后再就业，会逐渐被社会边缘化，被时代抛弃。

赫拉利还提到：过去的连续性学习模式，即在青少年时期苦读，考上大学后学习专业知识，往后半生无忧的学习模式已经一去不复返。

在人工智能时代，职场人应该掌握分段式学习模式，即在不断被取代中迭代学习，学习后工作，工作后还要继续学习，即终身学习。

2. 带不来提升和突破的学习，是无效学习

我认为有效的学习应该是读、听、看后还要思考及实践，并与提升和突破相结合。实践得到的相关技能或认知的提升会带来阶段性的突破，这是一个完整的闭环。无法提升和突破的学习则是无效的学习。

从丁丰的职业发展来看，我们不难看出，她每个阶段的学习内容与方式都是为了实现自我突破而选择的，她在学习之后确实有了自我提升和阶段性的突破。

丁丰从管理部刚调入销售部时，由于工作性质与工作内容完全不同，几乎从零做起。当时丁丰选择的学习方式是直接快速投入销售一线，用两周时间转了中国 9 个城市的近 50 个 IT 卖场，通过在现场工作中多看、多听、多思考的学习方式，在实践中不断提炼销售的管理技能，还从中敏锐地觉察借助世界杯热度与知名国际品牌阿迪达斯整合营销，做了一系列三星液晶显示器的营销活动，不仅打破了自己营销"门外汉"的身份，更提高了三星显示器品牌在国际舞台上的曝光度，攻克了中国市场的销售开局的难关。

丁丰于 2004 年到英国攻读 MBA 学位，她不仅在校园读专业的书、听专业的课，还与来自世界各地的同学进行深层互动、研讨，提炼了思考方式，巩固了知识点的学习效果。同时她还通过游学的方式不断提升自己的战略格局，打开国际视野。因此，当她回国后不仅突破了困在经理级的职场瓶颈，而且一跃

成为数码营销部总监，并带领团队一次次提升了三星在华北地区，乃至全国、全球范围的影响力。

二、突破职场瓶颈，重在预防

职业经理人一般发展到经理级别时会遇到第一次职场瓶颈期，之后是从经理级别到总监级，最难突破的瓶颈期是从总监级到副总裁级。无论想在哪个级别突破职场瓶颈，最高的境界是提前预防瓶颈期。那怎样预防呢？

1.清晰地设定并有效地管理职业发展目标

职业发展目标可以设定为短期目标、中期目标以及贯穿整个职业生涯的长期目标和超长期目标。

如何设定目标与管理目标呢？

我建议用"T"＋"OKR"＋"A"＋"FB"的循环模式。

- T（Time）：时间期间、发展阶段。
- OKR（Objectives and Key Results）：目标和关键结果。

关于OKR：OKR是用于制定和管理企业目标的方法。德鲁克在1954年所著的《管理的实践》一书中提出了目标管理法（Management By Objective，MBO）。在此基础上，英特尔公司的COO安迪格·鲁夫（Andy Grove）在1976年首次实践了"目标和关键结果管理法"，这个管理法后由谷歌投资人约翰·杜尔（之前在英特尔工作过）于1999年带到成立不到一年的谷歌公司推行，并且一直沿用到今天。

目前，OKR 广泛应用于 IT、风险投资、游戏、创意等以项目为主要经营单位的大小企业。

O（Objbetives，目标）：企业目标的制定应自上而下，如图 1 所示。

公司战略目标 ⇨ 部门目标 ⇨ 项目组目标 ⇨ 个人工作目标

图 1 企业目标的制定应自上而下

个人职业发展目标的制定应从长期到短期，如图 2 所示。

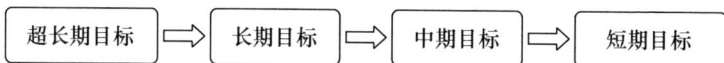

超长期目标 ⇨ 长期目标 ⇨ 中期目标 ⇨ 短期目标

图 2 个人职业发展目标的制定应从长期到短期

KR（Key Result，关键结果）：每个职业发展阶段的"O"所对应的"KR"最多 4 个，不能过多。

- A（Action）：行动。

设定每个阶段的职业发展目标和相应的关键结果，要付诸行动去落地。

- FB（Feed Back）：跟踪、反馈。

长期和超长期职业发展目标不是设定后就不能改变的，而是应该在实现短期目标和中期目标的过程中进一步结合自己的知识结构、职业爱好、性格特征、内外部环境等因素来判断是否需要调整或转换，并要进行自我分析和反馈：与当期目标对应的关键结果是否正确和精准，所采取的行动方案是否匹配等。

如果发现不是很匹配，就应该及时做出相应的调整。

以丁丰的职业发展目标设定和管理过程为例，每 5 年为一个发展阶段，见表 1。

表 1　丁丰的职业发展目标

	Time（时间期间）	Objectives（目标）	Key Results（关键结果）	Action（行动）	Feed Back（跟踪、反馈）
超长期目标	20～25年内	成为全球品牌专家	·到世界顶级商学院进一步学习 ·结合跨国公司案例，重点研究中国企业全球化过程中的品牌力	·申请和就读哈佛商学院 AMP 课程，成为哥伦比亚大学访问学者 ·结合三星、宝洁(P&G)等案例，潜心研究海尔、TCL、华为、小米等15家中国企业案例	在美国、法国、加拿大等地陆续采访了已经走出国门的企业品牌的相关负责人
长期目标	15～20年内	成为营销副总裁	·扩宽职场内外社交关系 ·进一步提升战略思维格局	·参加跑友圈、行业专家圈、知名企业家圈 ·主动参加行业内外的战略研讨会	发现仅与成功人士交流和分享、学习缺乏系统性，决定寻找再次到国际顶级商学院学习的机会
中长期目标	10～15年内	成为营销总监	·扩宽国际视野 ·提高团队领导力	·到英国就读 MBA ·把团队打造成学习型组织	为了加快自我的国际化速度，把在国内学习英文的行动方案调整为出国就读

续表

	Time（时间期间）	Objectives（目标）	Key Results（关键结果）	Action（行动）	Feed Back（跟踪、反馈）
中期目标	5～10年内	成为营销经理	·快速掌握产品以及市场的特征 ·掌握制定营销策略的创新方法	·主动到全国各区域市场学习、实践 ·创新策划和执行重点营销活动	发现仅凭业务领域的学习很难发展为国际化人才，决定提高英语沟通能力
短期目标	1～5年内	成为高绩效的职场人	·培养职业化精神 ·巩固财税专业知识和具体工作技能	·认真完成每项工作任务 ·与各地税务机构联动，举办培训活动	结合自己的性格特征以及公司内外部环境，把职业发展方向从财务管理领域调整为营销领域

备注：·时间期间、发展阶段以大学本科毕业、初入职场的时间为起点。

·在每个发展阶段内，可以以更短的时间如6个月、1年为时间节点，选定和管理更加细微的、具体的、与当期职业目标对应的关键结果。

2. 提前搭建职场内外的社交网络，提升整合资源的能力

人在职场，不能只是埋头耕耘自己的"一亩三分地"，更应该提前搭建有效的社交网络。

人际关系的有效性体现在关键时刻是否有人出来为你背书。毕竟敢为他人背书，是需要长时间和全方位的了解后才会做出的行为。

人际关系的搭建需要与自己的职业发展目标相结合，选定

需要搭建的社交圈并精心维护。在这个时代，人与人之间的关系能否维系得深远，取决于你自己是否值得对方为你花费时间、投入精力。

丁丰的外部社交网络是围绕 3 个方向有效搭建的：一是为了缓解自身的心理压力和提升自我毅力参加马拉松跑友圈；二是为了完善知识结构，在参加学习和研讨的过程中结识知名的教授、专家、校友；三是为了提升战略格局而选择进入企业家圈。

为了能得到这些社交圈里的人的认可，也为了真正学到自己需要弥补的知识，提升能力，丁丰是带着真诚和执着的心来持续精进自己的核心竞争力的。

正因为有了这种多年策略性的搭建和维护，丁丰才能如愿地从总监级晋升到副总裁，并有机会完成哈佛高级管理项目的学习，拿到哥伦比亚大学访问学者的邀请。

三、职场"地基"的牢固度，决定职业发展的最终高度

1. 初入职场，摆正职业心态

初入职场，不少职场人摆不正心态，总感觉自己的本职工作太简单、太单调、太乏味，甚至感觉被"大材小用"。这些情绪直接会显示在业绩里。管理者会通过观察你的工作小细节来判断你是否摆正了职业心态。以复印资料为例：心态摆正的人复印出的资料是规规整整的，而心态没摆正的人复印出的资料是歪歪斜斜的，说明后者对这些基础工作感到不耐烦，带着

情绪在干活儿。

丁丰为了按时完成年度结算，熬夜人工核对财务数据，完成之后她获得的是幸福感和成就感，足以说明她在职场起步阶段就摆正了工作心态，认真对待每件事，所以她得到了直线领导的信任和支持。这也是她能在公司内"任性"地选择自己想转入部门的资本。

2. 善于协同，拒绝成为"职场独行侠"与"贝壳"

在职场，单打独斗是做不出大业绩的，无论在本部门内还是跨部门，一定要善于沟通，善于协调资源，有效地展现自己的核心竞争力。

有些职场人没有协同的思维，很容易成为"独行侠"。还有一些人如同贝壳，通常处于"合上壳"的状态，只有自己需要与别人沟通时才"打开壳"，沟通完又立即"合上壳"。

当你还处在基础岗位时，很可能意识不到"独行侠""贝壳"的性格特征会如何阻碍你的职场发展。但是，当你到了中层管理者岗位之后，会明显感到这样的性格特征制约着你的进一步发展。

丁丰在这一点上做得非常好，当她在财务部工作时，就经常主动到人力资源部门沟通，还主动观察和支持其他部门的工作，也敢于跨部门表达自己的职业发展意愿，时刻为下一个发展目标提前铺路。

3. 勤能补拙，成为专业能手

专业性是衡量职业能力的核心指标，如果职场起步阶段的专业度不高，你更需要比别人多投入时间和精力来快速提升专业能力。

从丁丰的做法来看，当她在财务部需要辅导三星各个地方的生产法人学习了解财税政策时，她采取的方法是主动与地方税务部门联合举办多次培训。她通过学习快速掌握了相关政策，成为财税领域的专业能手，得到了众人的认可，提升了自我发展的信心。

可见，在职场要想顺利突破每个阶段的瓶颈，快速成为专业能手是根本；同时还要有清晰的发展目标和战略性的发展策略，并付诸行动，有效协调职场内外的各项资源，以不断提升自己的核心竞争力。

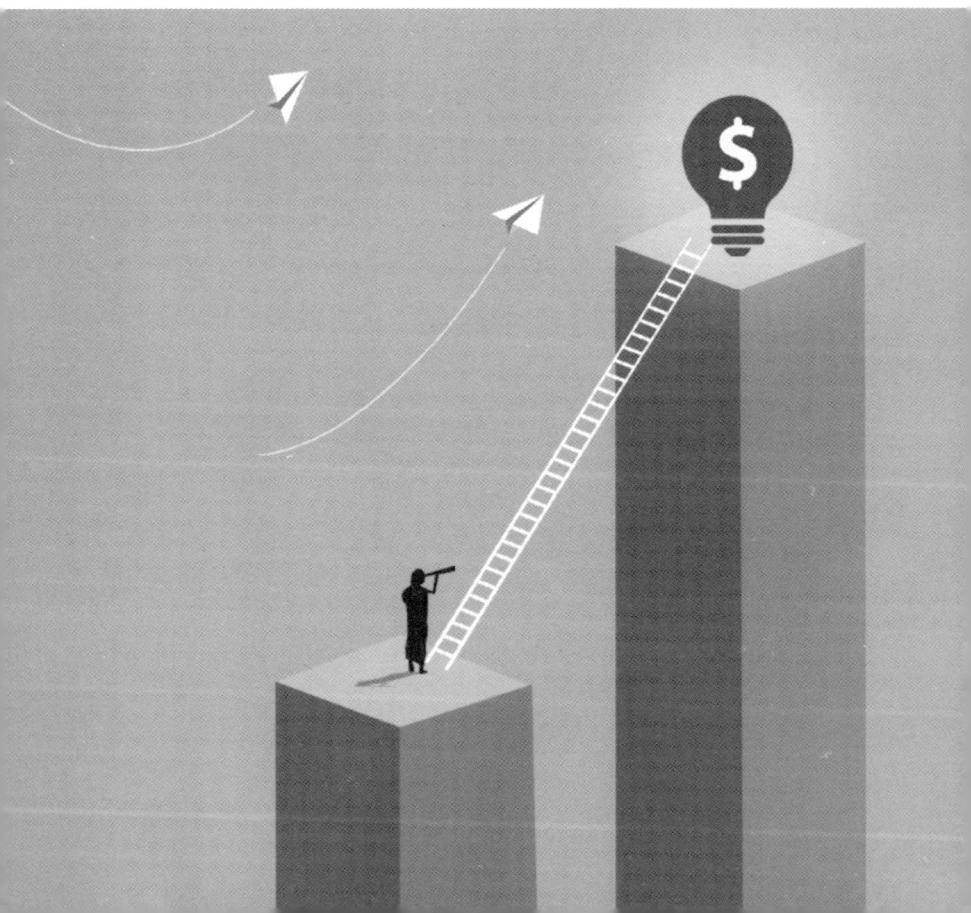

以终为始，自我产品化，
走向职业巅峰

初见龙志勇，我感觉他是一位非常谦逊、刚柔并济、逻辑思维能力很强的职场精英，浑身散发着技术领导者所固有的气质。

龙志勇的职业生涯是在中国三大运营商之一的中国电信开启的。在中国电信工作期间，他曾两次毛遂自荐，创造机会让身为"纯技术理工男"的自己逐渐蜕变为"技术＋产品"的复合型人才。

之后他追赶"互联网大潮"，加入创业团队，磨炼自己的毅力并提升自己应对市场环境变化的能力。

首次创业未能成功的龙志勇，带着珍贵的创业经历加盟阿里巴巴，担任高级产品专家，进一步提升了"专业技术＋产品规划"的核心竞争力。

为了扩宽自己的管理范围，龙志勇在阿里巴巴工作满一年后果断转到金立集团，担任移动互联网副总裁，全面负责手机 OS（Operation System）和互联网服务的产品，持续奔跑在移动互联网的发展道路上，带领团队创造了佳绩，不断强化自己的能力。

如今，龙志勇再次创业，万事以产品规划的思维来思考，以终为始，把自己当作"产品"来规划，先确定最终发展目标，再付诸行动，为实现下一个职业梦想不断拼搏着……

坚定地选择计算机专业，圆了少年时期的梦想

现在回想起来，龙志勇从小就喜欢玩电子游戏，曾经沉迷于掌机、红白机、街机等。上中学后，他死缠烂打，让父母给他买了小霸王学习机。为了避免被父母指责为"买学习机就是为了玩游戏"，他也下功夫写了一些 Basic 程序。当时的龙志勇敲敲键盘就能控制屏幕上的小方块，感觉好神奇，加上数学和英语一直是他的强项，这让他打定了主意，以后一定要学计算机！

高考后填报志愿对大多数人来说是人生中的第一次重要选择，龙志勇也不例外。1996 年，填报高考志愿只能先估分，再根据估算的分数填报学校和专业。

龙志勇当年的高考成绩非常理想，在广西排名前 20。为了有把握考上自己喜欢的计算机专业，他有意避开北京大学和清华大学，填报了北京邮电大学计算机专业（当年北大和清华在广西仅招 2 名计算机专业的学生，而北邮有 6 个名额），从此他一学就学了 7 年。

学业有成的龙志勇，在择业时再一次进行了一番深思：是选择公认的高薪酬、体面的外企，还是选择开始风生水起的民

营企业或稳定的大国企？龙志勇考虑再三后，选择到中国电信的技术部门工作。

在技术部门开启职业生涯的龙志勇，发现技术管理部的工作除了要运用计算机专业知识，还需要具有对内对外沟通协调的能力。他想：如果有机会到技术管理部工作，将会改变一下自己的"纯理工男"的性格特征，为日后的职业发展奠定基础。

毛遂自荐，蜕变自我

入职刚满半年，龙志勇就迎来了一次大的考验：集团要组织一批员工到基层轮岗锻炼半年。龙志勇所属的部门分到了一个要到甘肃定西建设本地网的工作任务指标。甘肃定西可是曾被联合国评定为不适合人类居住的地方，部门没人想去。

这时，龙志勇主动站出来接了这个"烫手山芋"，他当时想：首先，这能帮助部门领导和同事解决一个棘手问题；其次，他认为这是一个绝好的机会，可以感受电信市场正在升级的竞争态势和新的发展方向，也能把入职半年以来了解到的关于电信运转的各种技术在现场进行实践。

果然，在甘肃定西，经过基层市场、运维、客服等部门的轮岗锻炼，龙志勇积累了一手的业务经验，这也为他未来向产品和市场转型打好了基础。

从定西锻炼归来，龙志勇又投入到之前的通信技术研究和标准组织工作中。当时他的部门里有很多资深的同事：老一代通信专家、北邮研究生校友、清华的三清博士、海归硕博等。龙志勇判断，如果一直从事这种固有的、"传统"的工作，自己是很难脱颖而出的。

半年之后，正当龙志勇为下一步的发展忧虑的时候，新的机会又来了。

面向政企的电信市场需要以行业客户为中心，策划和研发 IT 通信融合的新产品，技术部门也有机会向这个方向延伸。2005 年，产品经理的概念并未普及，这是一个很新的领域，具有一定的不确定性，若从技术部门转到市场部，职业发展上还是有一定的风险的，这就需要勇气。

基于在基层锻炼所积累的对市场的感觉，龙志勇坚定地认为"技术产品化"是一个重要的趋势，通信行业的技术驱动会转向市场驱动。

在做足研究功课的基础上，龙志勇再次主动给部门领导写了一封很长的邮件，说明他对这个方向的认知和展望，同时也表示出他参与政企市场产品化转型的意愿和决心。

上级领导被他的思路和意愿所打动，直接任命龙志勇为向政企产品转型的项目带头人，同时让他负责多个项目，如统一通信产品、互联网语音产品、互联网广告等。

在一贯以技术为驱动的行业里，做面向客户和市场的产品，最困难的是低下头来虚心了解客户的真实诉求，并且在内部协调不同的部门去适应市场的要求。在这个角色转变的过程中，龙志勇之前在基层轮岗锻炼的经验起到了非常大的作用，使龙志勇相对轻松地实现了从"技术人才"到"市场人才"的跨越；无论是与外部政企客户聊需求、讲方案，还是对内开展跨部门沟通，都能收到很好的效果。

2008 年，龙志勇负责的产品项目获得了中国电信集团"科技进步"一等奖，他本人也拿到了"最佳贡献奖"。

赶上移动互联网的大潮，有失败也有收获

从 2005 到 2009 年，龙志勇在通信行业实践中摸索着技术产品规划、技术产品管理的工作，同时也目睹了国内互联网行业的大发展，以及"产品经理"这个职位的从无到有。

龙志勇认为，虽然他个人在职业发展的过程中得到了成长，接触的合作伙伴和客户也变得多样化，在技术、市场和项目管理方面积累了比较全面的经验，但整个通信行业的发展与同期的互联网相比，发展速度太缓慢了！这对"产品经理"这个职业方向的发展设置了很低的天花板。

恰逢 2009 年、2010 年 iPhone 3GS 发布，以及三星、HTC、

摩托罗拉纷纷加入安卓阵营，移动互联网的概念在国内开始生根发芽。

龙志勇的内心又萌动了再次转型的想法。

正当龙志勇结合移动互联网趋势，思考自己下一步的发展方向时，之前合作过的从微软离职出来的两位朋友向他发出了邀请，希望龙志勇与他们一起参与一个移动即时通信（IM）的创业项目。

出于对行业趋势和团队伙伴的认可，龙志勇毫不犹豫地做出了选择，离开了工作满7年的国企，加盟创业团队，投身移动互联网。

这次转型，意味着必须具备全新的思考方式、心态和担当。来到新团队的一个月，度过"蜜月期"后，龙志勇深深感到了前所未有的压力。

他感觉再也不是在一艘永不沉没的大船上，创业公司的人员和资金都是有限的，更重要的是，投资人的耐心也是有限的；面对的竞争对手也不是行动缓慢的"恐龙"，当他们刚刚想出来一个新点子，没过几天就会有人捷足先登——市场上已经出现类似的产品；团队的每次决策都是在"走钢丝"，因为总是要在几个捉襟见肘的资源之间纠结，如人员、预算、时间、质量等；每次决策也可能会左右大家的命运，再也不能以"试试看，不行再说"的心态来做事，因为失败不再仅仅意味着个人年终考评是B还是C，而是整个团队是否面临失业。

尽管所有团队成员齐心协力，但是依然未能找到合适的突破口，随着群雄并起的激烈竞争，更随着腾讯广州团队的发力，龙志勇创业快满一年时以失败而告终。

但在这一年，龙志勇得到了突破性的成长。对压力的耐受力、对失败的理解力、对成功的认知力（当时他近距离观察过微信是如何成长起来的）等得到了全方位的提升。同时还收获了与一群靠谱的、可信任的合作伙伴之间的珍贵的友谊。

重整旗鼓，带领团队一起成长

在这次短暂的创业经历后，龙志勇加盟互联网巨头阿里巴巴，在阿里云团队担任高级产品专家。之前在中国电信积累的多年的沟通协调能力，加上创业一年锤炼出来的执行力和抗压力，让他很快就适应了互联网企业的节奏。经过半年多的努力，他在产品规划及项目管理方面的工作获得了公司和团队的认可，并被提拔为负责北京地区的产品经理团队负责人。至此，龙志勇算是真正成功地转型到了互联网行业。

在阿里巴巴已经晋升到高级产品专家（P8）的龙志勇感觉职位的纵深度加深了，但管理的宽度不够。当龙志勇又一次为下一步的发展考虑时，金立集团手机部门向他抛出了橄榄枝。

经过深刻的认真思考和分析后，龙志勇果断地放弃了阿里巴巴的职位，再次迎接挑战，加入金立集团，担任移动互联网副总裁，全面负责手机 OS 和互联网服务的产品，在移动互联网的发展道路上更加高歌猛进。

在 2014 年前后，安卓 OS 的发展进入了一个平滞期，手机厂商的 OS 都在寻找新的突破点。龙志勇以及他的团队也面临着同样的状况和压力，要使即将发布的新手机在制造体验亮点的同时为互联网运营创造更大的流量。在这样的双重经营目标下，龙志勇从目标市场的特点、用户的需求痛点、团队自己的能力和差异化定位这几个维度分析，选定了一个新的产品突破点：手机 OS 锁屏。

首先，OS 锁屏是预装在手机中的系统级应用，目标人群是购买本企业品牌手机的用户。从数据分析来看，大部分用户的特点是不爱折腾，不喜欢更换新的软件和新的壁纸。

其次，虽然用户不爱折腾、懒得或顾不上频繁更换锁屏壁纸，但有获得新鲜感的内在需求，再漂亮的壁纸一成不变也会让人厌烦。同时，用户花在"今日头条"等资讯 App 上的时间越来越长，说明用户需要用更多的内容消费来填满碎片化的闲暇时间。

最后，从 OS 系统和团队的角度来看，锁屏在单个用户上就有每天几十次甚至上百次的曝光机会，如果能充分利用，就能提供更多、更精彩的图片和资讯内容，达到既提升用户体验又能获得运营流量的目的。

在互联网行业，想出好的产品点子不是问题，关键在于呈现实际效果。龙志勇和他的团队迅速设计出一款定期下载并自动更换壁纸的锁屏软件——故事锁屏，并且在壁纸上提供了资讯链接，用户不仅能从锁屏图片上获得视觉上的新鲜感受，还可以方便地点击阅读相关的文章，有效利用了碎片化的闲暇时间。

一开始，龙志勇的团队与"Nextday"合作，用富有文艺范的图片和文字做出了故事锁屏的"每日一图"，得到了广大用户的好评。不过，用户很快就提出了更高的要求：能不能每次亮屏都换一张图片？这就需要采购大量的正版图片和内容，会带来很大的成本压力，相应的回报率也不好估算。

于是，2015年龙志勇的团队引入了"好看""视觉中国"等内容提供商，在提供海量图片资源的同时，也在锁屏图片和文章链接中插入广告。同时，龙志勇还建立了内容运营的编辑团队，引入第三方的推荐算法，让故事锁屏产品形成了"内容资源购买—人工/算法推荐—广告变现"的体验和商业闭环，不但赚回了购买图片内容的成本，还创造了大量的收入盈余。

故事锁屏这个产品由于依托手机OS的优势，并在内容运营上做到了最佳体验，在线日活用户一年之内就突破了1000万，年收入也一度达到上亿元。

在当年的新款手机发布会上，故事锁屏成为突出的亮点，龙志勇的团队也获得了整个金立集团的"年度最佳贡献团队"称号，上台演讲和领奖的龙志勇感慨万分……

经过 10 多年坚持不懈的努力，曾经不善言辞的龙志勇，成长为能够在大型场合自信、流畅演讲的管理者；原来仅是管理小规模团队的龙志勇，具备了从 0 开始搭建 100 多人的"全栈"（产品、设计、研发、运营、商务等）团队管理能力；当初英语口语能力差、典型内向性格的"理工男"，蜕变为能够与谷歌、高通等跨国企业高管全英文沟通、谈判，并能成功达成相关合作的国际化人才；从被动接受企业组织的方向和任务安排的普通员工，发展到不仅主动担当，还能在巨大的不确定性环境中激励和带领团队协同行业内外资源、闯出新路、创造出新价值的引领者。

人工智能，开启精彩的新征程

2016 年，阿尔法狗以 4：1 的比分击败李世石。这一年，互联网 O2O 热潮回归理性。这一年，龙志勇年满 38 岁，他又一次开始思考后半生将如何度过？如何实现自我价值？如何创造可持续发展的事业舞台？

龙志勇以"产品经理"的思维模式，把自己当作"产品"，再次规划新的职业发展道路。他把发展目标锁定在人工智能领域，并根据该领域所需的人才特征全面梳理和完善自己的知识结构，时刻洞察和研究行业的发展趋势。

机遇是留给有准备的人的，终于，龙志勇在美国硅谷遇到了 AI 技术合伙人，成为云脑科技公司的联合创始人，担任 COO（包括技术团队管理），开启了面向未来的崭新征程。

──────────── **还原精彩对话** ────────────

严明花：回顾一下，哪个阶段的经历对你的职业发展帮助最大？

龙志勇：有很多职业经历都让我印象深刻，挑一个早期的说说吧。在中国电信工作的时候，我负责过一款面向政企客户的产品"统一通信"，英文叫 UC（Unified Communications）。这款产品是专为中小型企业研发的，所以无法直接销售给大企业。我就根据自己对市场和客户的深度理解，主动策划设计，还四处寻找相关的资源，做出了另外一套解决方案，提供给大企业。当时，内部有不少阻碍，甚至有些人还认为我没事找事、自找苦吃。但是，我坚持要创新，在有限的条件下尽可能地创造出新的解决方案来满足不同类型客户的需求，逼着自己像 CEO 一样思考，既要顾全大局，

也要平衡各方利益，还要应对突如其来的各种需求变
化。这一段经历虽然只有一年多的时间，但对我的成
长帮助很大。这种内部创业的感觉帮助我快速提升了
战略格局，给我增添了敢于挑战的勇气，强化了我的
自信心，也为我日后"下海"加入创业团队奠定了基础。

严明花：你怎么定义职场的成功？你成功的秘诀是什么？

龙志勇：关于职场成功，我认为是在自己的岗位上获得众人的认
可，并且持续成长。我目前还谈不上成功，永远在路上。
要说我的秘诀，就是把自己当作一个"产品"去规划。

严明花：如果你有一次吃"后悔药"的机会，你想改写哪段
职业历史？

龙志勇：世上没有"后悔药"，假设真能重来，选第一份工作
时我会直接加入互联网公司。
研究生毕业走出校门时，我面临通信和互联网两个行
业的就业选择。现在分析，这两个人才市场的空间是
有很大差异的。首先，2003 年，通信行业虽然规模很
大，但增长趋缓，而互联网行业刚从千禧年的泡沫中
恢复过来，处于上升阶段，并在后续的十年内出现了
持续高增长的大长阳走势。其次，通信行业在当年的
就业门槛反倒比互联网公司要高，竞争也更激烈。无

论从哪个角度来看，选择互联网行业这个职业目标要远远优于通信行业。

可当时的我是典型的"理工男"，在校学习期间没有做到主动接触社会、了解行业，也没有意识到择业时分析行业和社会环境的必要性与重要性。

如果有机会重新选择第一份工作的话，我会多研究行业之间的区别，慎重考虑后再做出决策。因为行业是职业发展的一个大背景，在很大程度上会决定你的发展速度，正所谓"选择比努力重要"。

严明花：你能做到今天的位置，你具备的与众不同的 3 个特点是什么？

龙志勇：沟通能力、学习能力、规划能力。

沟通能力：沟通可以分为有效沟通和无效沟通，我认为没有沟通到位的沟通就是无效沟通。

要做到有效沟通，首先要有主动沟通的意愿，然后要有换位思考的习惯。由于人都愿意站在自己的角度思考，很难站在对方的角度思考，所以换位思考相当于为别人多做了一些思考。如果你具有比别人更高的悟性，养成换位思考的习惯，就容易得到别人的认可和接纳，你的沟通效果肯定会事半功倍。

学习能力：我一直在强化自己的学习能力。学习能力

强的人对新鲜事物保持着很强的好奇心和探索欲望，很想一探究竟，能促使自己不断学习。

另外，学前、学后的习惯也很重要。学前提前下点功夫多思考，最好带着问题去学；学完要总结和提炼所学的核心内容，并把学到的知识用于实践活动，这样才能把学到的知识转换为生产力。

规划能力：多年担任产品经理的我喜欢以产品规划的思维模式进行规划。 在做出选择之前或要做出改变之前，我都把自己当作一个"产品"来看待，先考虑"产品"的发展目标、"产品"的特性、"产品"的定位、"产品"的经营策略、"产品"的推广执行方案等，这样就能很清晰地知道自己应该选哪条道路、该做什么、该怎么做、结果会是什么，等等，自己就有了底气和把握。这样不仅能节省时间成本，还能提高做事效率。

严明花：以你的观点，做职业经理人、自由职业者、创业者分别需要哪些核心性格特征？

龙志勇：适合做自由职业者的人，我认为其是不希望被别人或某些机制约束的，并且这种内心需求是非常强烈的；相反，他们对稳定性的追求不那么强烈，他们能够给自己制造安全感，不需要一份稳定的工作来给予自己安全感。还有，他们能够忍受孤独感，离开稳定的职场环境也能建立自己的社交网。

我认为适合创业的人，首先，他们有一种很强烈的想操控的欲望，有很强烈的愿望去创造一些东西，享受从 0 到 1、到 N 的发展过程，并从中获得成就感。

其次，他们能够承担不确定性，顶住强大的压力和焦虑，因为很多焦虑和痛苦是由不确定性带来的。

适合当职业经理人的人，求稳、自律，不希望扛太大的压力，不希望有孤独感。

严明花：你觉得你心中一直有一条主线引领你前行吗？那条主线是什么？

龙志勇：我的内心始终有一个信念：我要成为具有影响力的人，我要做出具有影响力的事情。这也是牵引我一路发展的主线。

我记得在一次关于领导力的培训课上，通过专业测试发现，在"成就驱动""人际关系驱动""影响力驱动"中，我的"影响力驱动"明显高于其他两个驱动。

我一直喜欢正面影响同事、客户、朋友，将来还是希望能在行业内、社会上创造出更大的影响力。

严明花：技术人才要想预防职业瓶颈，你认为应做好哪些能力储备？你对想转型、突破瓶颈的技术人才有何建议？

龙志勇：我认为技术人才往往在参加工作满 3～5 年就会遇到第一次职场发展瓶颈，之后最明显的瓶颈出现在 35 岁左右。

从学校到社会，实际上是从纯技术学习到实际操作技术项目的转变过程，在这个过程中会有很多成长的空间。无论是写代码还是编程，成长带来的激励还是很大的。但是，这种成长的激励工作满 3 年以后可能就会停止或消失，就会出现一个瓶颈。

要是在这个 3 年期间只是当"技术螺丝钉"，仅满足于日复一日的技术操作工作，不另做其他能力的储备，就很难有所突破。

还有一个严重的瓶颈出现在 35 岁，若在专业技术上没有精进，管理能力也没有提升的话，将会处于非常被动的状态，纵向发展受限，横向转型也找不到合适的位置。

为了突破瓶颈，我认为储备以下 3 个能力是非常重要的。

第一，准确定位自己的能力。

规划职场发展需要先分析自己的性格特征和个人的优势、劣势是什么，以及自己在企业内外所处的位置、所拥有的知识结构与追求是什么，等等。

基于对自己的定位选择发展方向，即确定是要坚持做技术专业人才还是技术管理人才，抑或是转型到非技术岗位。

第二，洞察产业发展趋势的能力。

平时应该多学习一些产业发展史，通过产业发展史来看未来的趋势。当你了解了过去发生了什么，这个行业是怎样发生变化的，就有可能判断出未来会发生怎样的变化，然后尽可能地根据产业发展的趋势提前分析所需人才的特征，与自己进行对照，加快提升和弥补自己的短板。

第三，持续学习的能力。

对技术人才来讲，学习能力是必备的武器。尤其在当今的经济环境中，各行各业的技术发展速度以及迭代速度非常快，你若中断某个阶段的学习，后面就很难跟上。目前，职场上不断大规模涌进千禧一代员工，他们的学习能力非常强，随时都有可能超越你。一旦在技术上被别人超越，就没有话语权，等于自己限制住了自己的发展。

严明花：你是基于什么考虑把自己最终的发展目标锁定在人工智能领域的？人工智能是目前技术人才关注度最高的领域，如果想在这个领域发展，应该具备哪些核心能力？

龙志勇：单从社会产业发展的趋势来看，2016 年，随着智能手机的普及，移动互联网已经过了高速增长的人口红利期，光靠商业模式的创新，已经难以拉动跨越式的发展，各行各业都需要尖端科技的力量，通过精细化的生产和运营来提升效率。这时，更有未来感的人工智能就顺理成章地浮出水面。机器对人的辅助以及部分替代，是长期的不可逆转的趋势。

如今，每个人的工作生命线也逐渐延长，所以选择一个可以长时间持续工作的领域是很重要的。我认为在人工智能领域持续工作 20 ～ 30 年是没有问题的。

想在这个领域创业或成为高层管理者，不仅要具备对数据和算法的敏感性，还要充分了解不同行业的业务流程和特征，并具备对不确定性的耐受力甚至享受的能力。

严明花：为了进军人工智能领域，你自己做了哪些准备工作？

龙志勇：现在分析起来，我的准备工作不是在某个阶段突击完成的，而是通过整个前半生的每一步选择、做过的每一份工作以及每一段经历叠加出来的。

首先，我从小就在数学竞赛上获奖，学的又是计算机专业，并从 2003 年就接触数据挖掘，进入移动互联网行业之后一直负责数据驱动产品的运营，并尝试过内容推荐的应用。所以，我对数据和算法的敏感度已经比较高了。

其次，我用业余时间积极学习行业的相关专业知识：在 Coursera 自学美国不同大学的在线课程，如约翰霍普金斯大学的 Data Science 系列课程、吴恩达的 Machine Learning 入门课程等。

最后，我之前在中国电信工作和创业期间以及在阿里巴巴就任期间，对通信和互联网行业有了深度理解，加上我曾经负责过金融和能源行业的政企合作项目，对部分行业的业务内容有较深的理解。此外，我的全栈（产品、设计、研发、运营、商业化）团队管理经验则在金立集团担任移动互联网副总裁期间充分磨炼出来了。

严明花：你已经做到了时代前沿领域创业公司的联合创始人和 COO，走上了职业巅峰。你下一步还有什么发展计划吗？

龙志勇：既然创业了，自己当然是跟随公司一起持续成长，把公司做强。希望用人工智能改变行业，改变人的生活。

严明花：最后，请送给年轻的职场人一句话。

龙志勇：以终为始。

不管处于人生的哪个阶段，首先要想好每个阶段最终要达到什么目标，然后根据目标选定方向、制定行动方案并付诸行动。

若每个阶段的目标都能达成，整个人生目标必定会达成！

职场攻略

一、技术人才，要趁早规划职业发展道路

为了保障技术人才更多元化地发展，很多企业采用"双梯"型或"Y"型发展通道。在此，我再细化提出"三梯"型或"倒巾"型发展通道。"倒巾"型发展通道如图 1 所示。

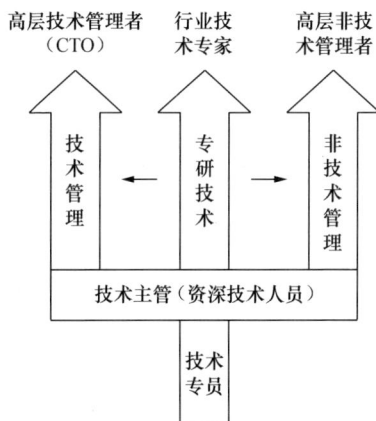

图 1 "倒巾"型发展通道

一般技术专业毕业的人才到企业工作 3～5 年时间，做基层的技术工作后将晋升为技术主管或资深技术员，之后将面临选择职业发展通道的问题。

有些人适合接着直线发展为某个领域的技术专家；有些人适合发展为有技术背景的领导者；而有些人不适合接着做与技术相关的工作，可直接转型为非技术领导者。

很多人一提职业规划，就感到非常茫然，无从下手。可以借鉴"产品经理"的思维模式，把自己当作"产品"，按产品规划的 6 个步骤来规划职业发展道路。如图 2 和图 3 所示，职业规划与产品规划是相通的。

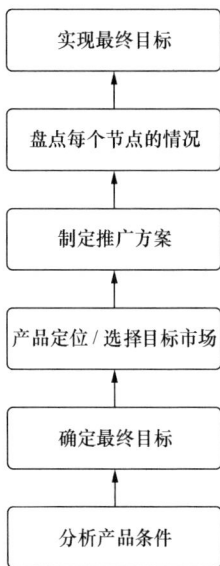

实现最终目标	实现职业目标
↑	↑
盘点每个节点的情况	评估 / 反馈 每个阶段的结果
↑	↑
制定推广方案	制定发展策略
↑	↑
产品定位 / 选择目标市场	职业定位 / 选择发展方向
↑	↑
确定最终目标	确定职业目标
↑	↑
分析产品条件	自我分析

图 2　产品规划六步法　　　　图 3　职业规划六步法

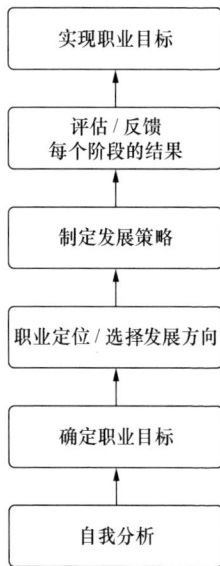

职业规划起步于自我分析，需要认识自己的性格特征、兴趣爱好、知识结构、思维方式、智商、情商、优劣势等，更重

要的是要尽早弄清楚自己想做什么以及能做什么。例如，可以参考以下测试：

- 借助埃德加 · 施恩（Edgar Schein）职业锚测试了解自己的职业价值观；

- 借助迈尔斯 · 布里格斯个性分类指数（Myers-Briggs Type Indicator，MBTI）或雷蒙德 · 卡特尔（Raymond Cattell）提出的 16 人格特征量表（Sixteen Personality Questionnaire，16PF）测试自己的职业个性；

- 借助约翰 · 霍兰德（John Holland）提出的职业兴趣量表来测试职业兴趣，再结合自己所处的内外部环境确定自己最终想达到的职业目标。

职业目标可以分为超长期目标、长期目标、中期目标、短期目标。超长期目标和长期目标既是整个职业生涯的方向标，也是一路坚持不懈、努力奋斗的动力源，需要慎重考虑、切合实际，不失前瞻性地制定。

有了职业目标，要进一步分析企业以及行业、社会环境，用既定的职业目标与自己的实际情况做比较，找出最适合自己的岗位，即找出能够充分发挥自己优势并真心喜欢、热爱的岗位，这过程叫职业定位 / 选择发展方向。要注意：职业目标不是一成不变的，岗位也没有十全十美的。在不同阶段要结合实际条件制定目标，若有需要就及时做出调整，与自己的特征达到最佳匹配即可。

接下来，需要制定实现职业目标的行动方案，即制定发展策略。发展策略尽可能是具体的、可操作的内容，并且定好以后就要坚定地执行。在执行的过程中，每个阶段要如实评估和反馈执行结果，若有偏差或不足之处，要快速找到原因和解决方案，进一步落实，保证每个阶段的目标顺利完成。这样，整个职业生涯的最终目标就可以实现了！

龙志勇在中国电信技术部门工作的前 3 年就发现了自己的性格特征。比起做纯技术钻研，他更喜欢能融合对内对外沟通、协调功能的技术管理类工作。

因此，龙志勇选定的最终职业发展目标为高层技术管理者。为了实现这个目标，他的职业定位是"技术产品化"相关岗位。为此，龙志勇制定了每个阶段相应的发展策略并付诸行动：为了进一步接近市场和实现技术产品化，主动申请去一线岗位，主动负责政企合作项目，勇敢地脱离安稳的工作环境，加入初创企业，进一步磨炼自己应对市场环境的能力，带着首次创业的经历再次回到大型平台，进一步提升"全栈"团队的管理能力等。

龙志勇在每个阶段都评估和反馈自己的发展情况，并持续学习技术知识，跟随时代的发展不断迭代和完善自己，排除一切困难和障碍，最终如愿成为时代前沿领域创新企业的联合创始人和 COO（包括技术团队在内的整体运营）。

二、职业规划再好，付诸行动才能实现

已经做好的职业规划，若不付出行动，一切都是空想。在日

新月异的今天，你若不行动、不努力、原地踏步，等同于被人甩在后面。所以，哪怕会犯错也要行动。每个人实现职业目标的道路都不可能是一帆风顺的，肯定会有种种困难和挑战。建议大家以坚定的信念去努力提升以下 3 个关键行动力。

1. 以"无所不学"的精神持续学习

工业时代的学习方式基本上以课堂式、单方注入式为主，具有准时、顺从和记忆的特征。这些学习方式虽然有助于标准化，但很难应对信息爆炸的知识经济时代的环境变化，也很难应对大规模岗位被人工智能替代的就业趋势变化。全球新增人工智能企业数量如图 4 所示。

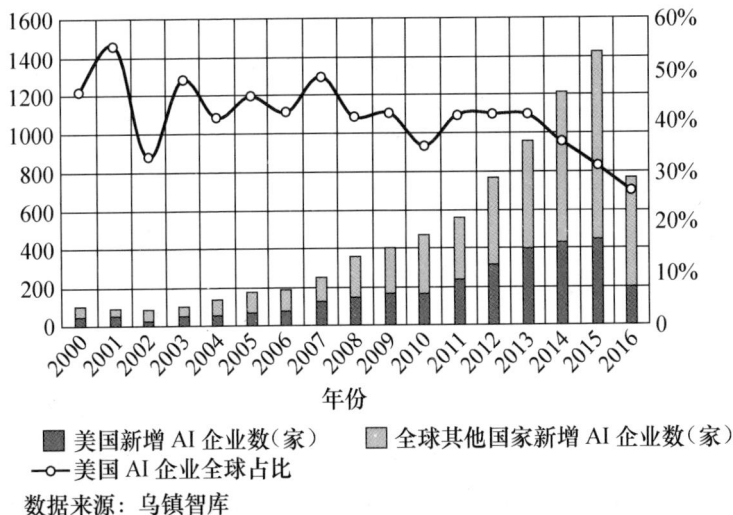

■ 美国新增 AI 企业数（家）　　■ 全球其他国家新增 AI 企业数（家）
—○— 美国 AI 企业全球占比
数据来源：乌镇智库

图 4　全球新增人工智能企业数量

　　麦肯锡在一份报告中表示，12年后，全球将有8亿工作岗位被自动化取代，3.75亿个岗位需要学习新技术以适应新的工作要求。

　　中国信息通信研究院于2018年4月下旬发布的《2018全球人工智能产业地图》报告显示，在创新型AI企业快速涌现的当下，中国成为人工智能发展的高地。目前，中国AI企业的数量已经接近1500家，在全球市场排名第二，仅次于美国。全球各国AI企业分布情况如图5所示。

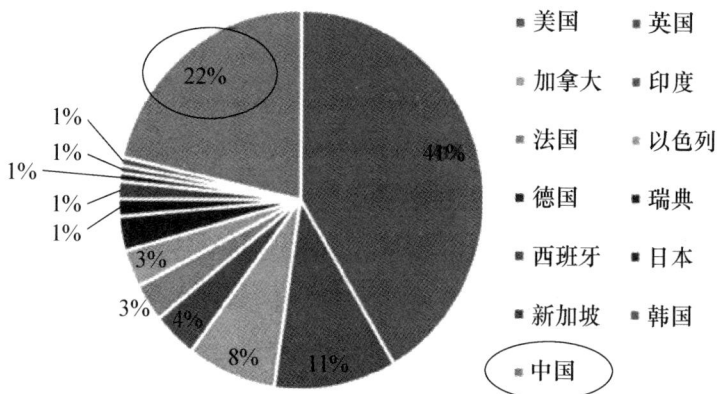

数据来源：中国信息通信研究院数据研究中心

图5　全球各国AI企业分布情况

　　要想在职场不被机器或他人替代，要想快速成长，需要以"无所不学"的精神、随时随地学习的心态持续学习，并把所学的内容应用于实践过程，转换为生产力。这是当今职业经理人需要掌握的生存法则。

2. 自我"拔苗助长"

快节奏、"乱"节奏的时代，大家在职场中都各自忙于自身的生存和发展。没有人能耐心地等你一步步成长，也很难找到愿意投入大量精力来精心指导你的人。如今，再也不能被动地等别人或企业慢慢培养你，你应该主动提升自己来加快成长速度，以免遇到瓶颈。

龙志勇在中国电信技术部门工作期间，曾两次毛遂自荐，克服各种困难，主动抓住机会锻炼自己，在有限的条件下生生地把自己拉高到"CEO"的战略高度，尽可能在顾全各方利益的前提下，以创新精神摸索出各种解决方案，在为企业创造价值的同时，也使自己能够有机会不受年龄、学历的限制而在团队中脱颖而出，这也为其后续的茁壮成长奠定了坚实的基础。

3. 适时"刷新"自己

微软现任总裁萨提亚·纳德拉（Satya Nadella）在他的著作《刷新》里提到："每个人、每个组织乃至每个社会，在到达某个点时，都应该点击刷新——重新注入活力、重新激发生命力、重新组织并重新思考自己存在的意义。"

在金立集团担任移动互联网副总裁满3年、走上职业巅峰的龙志勇，果断"刷新"了自己，重新思考20～30年后的自己将去什么领域发展，为社会创造怎样的价值。经过慎重、系统化的分析，龙志勇认定机器对人的辅助以及部分替代是长期不可逆转的趋势，并决定进军人工智能领域做出一番事业，为自己注入新的活力，带领创业团队驰骋在时代的前沿领域。

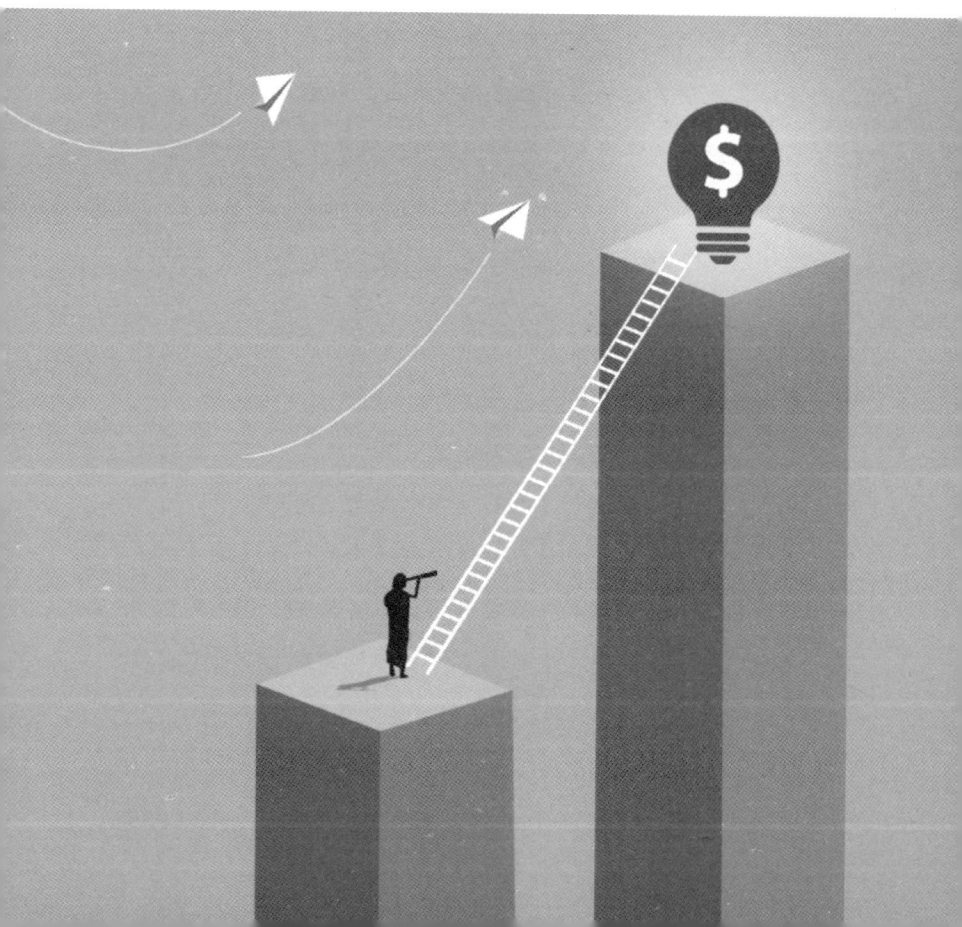

成长型思维，助推你持续成长

我和唐多曾于 2016 年同时受邀向成都的人力资源管理者分享各自的职场发展经验。当时唐多就围绕着"成长型思维和固定型思维之间有何差异""职场人为何需要具有成长型思维""成长型思维如何帮助其快速成长的"等内容并结合他自身案例，向与会人员分享了自己的职场感悟。当时唐多给我的印象就是他的成长型思维给他带来的力量，我发现他在近 20 年的职业发展道路上很有自己的见地和策略。

唐多 1998 年毕业于北京大学计算机专业。为了快速成长，他当年放弃了留京工作的机会，加入 IBM 成都分公司。在 IBM 成都分公司工作的 6 年间，唐多负责对接电信电力行业以及中小企业的 IBM 小型机的销售工作。唐多凭借出色的业绩，主动争取进一步发展的机会，成功转到 IBM 重庆公司担任总经理，并连续 3 年在重庆市场获得市场份额第一，3 年间总销售额增长近 100%（其中，单看服务业务，3 年竟增长300%）的佳绩。之后，追求进一步成长的唐多转到 IBM 北京总部，负责 IBM 全球竞争战略在中国的实施和落地工作，以及大型机的营销工作，后来，他成功晋升为 IBM 系统科技事业部大西区总经理。

为了进一步突破瓶颈，唐多在 2014 年转入微软，先后担任西区总经理、区域运营总经理，以及中国区许可方案事业部总经理。他深受当年掌管微软全球业务的新任 CEO 萨提亚·纳德拉（Satya Nadella）所倡导的"成长型思维"影响，做出了众人认可的业绩。2018 年，唐多为了迎合时代的发展，再次勇于挑战自我，走出舒适圈，告别 20 年的外企职业生涯，转入兼具活力和不确定因素的"互联网 +"行业。目前，唐多跟随时代的步伐，在智能汽车领域带领团队坚定地前行。

"快速成长的机会"，择业的核心标准

1998 年，当唐多从北京大学本科毕业、选择第一份工作时，面临不少的选择，包括政府机关、国企、民营企业、外企等。作为一名计算机软件专业的毕业生，能在几百个候选人中脱颖而出是相当不容易的，但到了 IBM 这家全球最大的 IT 公司的最后一轮面试时，IBM 的招聘负责人告诉唐多，因为户口的限制，如果想进 IBM，只能选择 IBM 成都分公司（因为唐多的户口在成都）。当然，他也可以先加入能解决北京户口的企业，一年之后再看有无加入 IBM 北京总部的机会。要知道，那个年代对应届毕业生来说，"北京户口"的含金量是非常高的，而且当时唐多手里也确实有好几家可以解决北京户口的单位。现在回忆起来，虽然当年唐多还不知道"成

长型思维"这个概念，但是他很清楚地知道自己作为大学毕业生初入职场，很关键的一点就是能不能快速成长、蜕变成一个适应职场要求的职场人。因此，在"快速成长的机会"和"北京户口"之间，唐多经过多次纠结和深层思考，还是坚定不移地选择了"快速成长的机会"，加入 IBM 成都分公司。

加速学习和成长，不断激发潜力

如愿加入 IBM 的唐多，先经过长达 4 个月的封闭式入职培训，全面了解了 IBM 的产品体系、业务流程、管理制度、企业文化等，之后分配到销售部门负责 IBM 小型机的解决方案，正式开启了他的职业生涯。

唐多在销售工作的起步阶段负责电信电力行业。当时的唐多虽然对工作充满热情，但对行业、对销售工作本身都是非常生疏的，每次面对客户时心里都非常忐忑。其中，有两件事让唐多至今难忘。

刚工作不到一年，有一次唐多需要去拜访某省邮电管理局的总经理（那时电信、移动还没有分家，都属于"邮电管理局"）。一个不到 22 岁的毛头小伙儿去拜访一位 50 多岁的资深的行业专家，可想而知唐多的心理压力有多大。但唐多结合培训中学到的客户拜访技巧以及自学并积累的行业知识，鼓足勇气镇定地与那位领导侃侃而谈。不论是行业趋势、业务痛点还是解决方案，都让这位资深人士频频点头，最终也因为这次成功的拜访，唐多顺利拿下了整个省的电信计费建设项目。这件事不但让唐多增强了自信，更重要的是，他第一次尝到了不断学习的甜头，也意识到什么叫"自我成长"。

在唐多负责电信行业满 3 年时，得益于他出色的业绩，他的直线经理建议他转到中小企业行业。唐多明白，放弃熟悉的行业转入新的行业肯定需要从头再来，会有不小的难度，不过一心想快速成长的唐多还是欣然接受了。

这两个行业的用户确实有很大的区别，无论是业务需求、决策方式还是流程都完全不同。唐多刚刚接手时，信心满满地凭借以往的经验去拜访用户，花费 80% 的时间在大用户上做深耕，虽然有些大项目成功拿单，但是一年下来还是未能完成业绩指标。入职以来第一次业绩未达标的唐多很郁闷、很焦虑，他认真地做了复盘分析，发现原来自己之前在大用户行业的经验和方法放在中小企业是行不通的。于是，唐多向行业前辈请教，花了一半以上的精力去重点关注渠道和生态建设，重塑整个流水业务的模型，终于在来年年底再次超额完成销售目标，获得全国性奖励。这段从失败到成功的经历，给唐多最大的收获就是了解到其实成功无法被复制，只有不断地以开放的心态去学习和成长，才能不断地获得阶段性成功。

经历了这些事情，唐多也成功晋升为小型机销售部门的主管。有望发展为销售经理、销售总监的唐多却第一次感到陷入了职场瓶颈，因为当时的唐多已经在 IBM 西南地区所有的行业（电信、电力、流通、制造、政府、教育、金融、中小企业等）负责过销售，若接着留在西南地区做销售，对他来讲，进一步学习和成长的空间已经很小了。当时，唐多非常渴望接触到销售之外更多的商业公司的整体运营模式。

于是，唐多与公司开展了长达一年左右的沟通，目的是希望可以在 IBM 这样的大企业中找到让自己重新学习和成长的机会。

终于，2006 年 1 月 1 日，唐多成功争取到担任 IBM 重庆分公司总经理的机会。当年，唐多是全国十几家分公司总经理中资历最浅、年龄最小的，可想而知，他的压力有多大。但自告奋勇、主动争取当上分公司总经理的唐多快马加鞭、如饥似渴地学习政府关系和媒体关系处理技巧，同时高效地处理、扩展合作伙伴，梳理人事、财务、行政管理流程等之前未能接触到的领域的工作。

为了提高与政府客户的沟通效率，唐多研究了政府运作的机制和模式，发现政府运营中也有不少的"痛点"。于是唐多快速整合公司内部资源，为重庆政府部门在软件产业外包方面提供整体的产业解决方案，帮助政府、公司在这个领域做出了突破。

有了政府客户方向突破的唐多，开始关注整个行业的生态建设，主动创造机会与行业内优秀的初创企业进行紧密的沟通和交流，不断激发自己的潜能。

在重庆担任分公司总经理的 3 年间，唐多通过自己的努力和成长，交出了很好的答卷：连续 3 年在重庆市场获得市场份额第一；每年的业务成长率超过 20%，3 年翻了近一倍，尤其是服务业务 3 年翻了 3 倍。重庆当地的渠道业务发展到近 300 家，重庆团队的业绩成长超过一倍。这份耀眼的业绩也为唐多创造了被派到西南分公司管理最重要的硬件销售团队的机会。

主动跨出舒适圈，挑战崭新的业务

派到西南分公司管理硬件销售团队，在当时的 IBM 可以说是一个"肥差"，尤其对唐多来讲更是驾轻就熟，位高权重不说，无论业务模式、行业客户还是整个团队，都是唐多非常熟悉和了解的。唐多在第一年就取得了非常好的成绩，被授予 IBM 全球几十万员工中只有几十个名额的"Golden Circle"的奖励。不过，当时的唐多喜忧参半，因为一路追求快速成长的他又一次警觉到自己的成长速度开始慢了下来——要完成既定的业绩目标，不需要付出 100% 的努力也能超额完成。他明显陷入舒适圈，遇到了又一个发展瓶颈期。考虑到自己的年龄才 30 岁出头，还是想抓住具有更大发展空间的机会。经过又一次和公司管理层不断沟通和争取，他终于得到 IBM 中国区的一位副总裁的理解和支持，调到 IBM 北京总部。

于是，从 2010 年开始，唐多放弃了他之前最擅长的前线作战的经验，开始了他的第一段北漂成长之路——全面负责 IBM 全球竞争战略在中国的实施和落地，这份工作内容对唐多来讲是完全生疏的。

从第一线来到大后方，从天天面对市场上的本地用户和合作伙伴变成天天和美国总部的参谋部外籍同事"高屋建瓴"地谈战略。全新的工作和生活环境，完全不一样的商业思考方式和逻辑，完全不一样的业绩考核依据和方式，唐多面对的是比预料中难度更大的挑战！以前在第一线工作，最重要的就是拿下项目，推动业绩增长。但是战略落地的工作，是要确保在拿项目的过程中，是不是用对了方法？竞争的策略是不是得当？资源的利用是不是最有效？有没有好的经验和方法值得总结和推广？唐多不但需要在前期和团队一起想办法了解状况，制定竞争策略，还需要在战略落地的过程中调动全球的资源来帮助团队并确保这些资源能够得到合理的使用。而最后项目无论成功还是失败，唐多都需要和团队一起总结经验与得失。在以前的工作中，唐多的角色更多的是一个组织的领导者，现在的角色更多的是一个观察者和评价者。在很多一线团队看来，唐多也更像一个"找茬者"，这种角色的转变使唐多适应起来有不小的难度。但是不服输的唐多依然葆有工作激情，能以更客观的角度去观察并寻找策略，找解决问题的方法和适用的条件、场景与时机。他开始学会以一种帮助者的心态和团队沟通，以一种不贴标签的方式看到团队的优势和不足。在此过程中，唐多经历了和团队的冲突，同事的不理解，甚至自身价值也受到团队和领导的质疑，但是他还是咬牙坚持自己制定的原则，持续不断地思考和学习。

两年的新业务挑战使唐多不仅拥有了坚韧不拔的精神，提高了抗压能力以及发现问题、解决问题的能力，同时也提高了他承受挫折和失败的能力，发展为能够全面了解市场前线和后方的高层管理者。

执着地追求成长，找到理论家园

得益于敢挑战新业务，在困难面前不退缩，唐多又获得了一份让人羡慕不已并且是他最擅长的工作，即 IBM 系统科技事业部大西区总经理，这扩大了他的工作职责范围。

掌握销售市场前后方的唐多再一次取得了辉煌的成绩：不

但保持着市场第一的占有率，而且第一次把 IBM 独有的大型主机产品带到了大金融之外的行业并取得了巨大的突破。

虽然有了这些成绩，但是已经在 IBM 做到高管的唐多再一次面临成长选择的"十字路口"。那个时候，他感觉自己在 IBM 内部的职位晋升碰到了天花板，同时由于 IBM 也面临巨大的转型压力，公司发展速度变缓，个人在组织中的空间也变得很有限。

唐多经过一段时间的深层思考和自我对话，对自身潜力挖掘的诉求和对成长的渴望使其不得不开始考虑组织外的机会：加入微软（西区总经理）。当时考虑转到微软的根本原因是可以从 IBM 销售硬件转到软件和云服务的销售领域，从服务大型企业为主的客户群拓展到中、小、微企业甚至个人消费者，其中，也出于从一家百年老店到一家痛定思痛、准备第二次坚定转型的成长型企业的考虑，这样的变化对唐多来说，可以获得进一步学习和成长的机会。

2014 年，唐多最终决定离开工作满 16 年的 IBM 加入微软。在微软的 4 年，唐多再一次得到快速的成长，尤其是在企业转型、战略制定落地、产品生态设计、区域运营方面得到了很大的锻炼和成长。比起这些成长，唐多感觉最大的收获是他终于在微软真正了解并学习到了"成长型思维"。因为，2014 年也正是微软的第三任 CEO 萨提亚·纳德拉（Satya Nadella）开始掌管全球微软业务的元年。当时，萨提亚把成长型思维当作整个微软转型的企业文化基础，重新塑造企业文化。这时，唐多开始接触成长型思维的理念，得知具有成长型思维的人是愿意学习新事物也能够接受失败的。唐多这才发现，原来在过去的十几年里，他已经在不知不觉中践行着这套理念。因此，唐多更加坚定地用这套体系化的理论来总结和修正过去的经验和体会，也以此理论来制定下一步职场发展的方向和策略。

转入"互联网+"行业，迈向职业新高度

2018年，唐多已经步入中年，他开始再一次思考职场下半场的发展问题。

唐多认为，未来中国的经济活力一定在民营企业，为了迎合时代，在尚未失去斗志的年龄，唐多决定步入民营企业再次挑战自我，不顾他人的讶异与不解，唐多再次做出重大决定，到初创企业"凌动逸行"担任 CEO。

"凌动逸行"致力于提供智能汽车技术解决方案和生态系统建设，同时提供面向消费者的智能出行与智能空间服务，涉及出行、车联网、智能设备、大数据、互联网平台运营等领域。在这一年的时间里，唐多利用自己过去的技能和经验，在一个全新的行业，一个充满挑战的领域，做了很多全新的尝试。他

从头思考战略，重新组建团队，创造符合该企业特点的商业模式。虽然因为股东的影响，发展方向发生了转变，这个初创的业务和公司夭折了，但是唐多再一次发挥他"成长型思维"的优势，发掘了自己作为一个创业者和企业家的潜力。他从一个传统行业的管理者转变为"互联网 +"行业的管理者，学会了如何与时代发展同频共振。

2019 年 4 月，唐多勇敢地选择到更具有风险性和不确定性的企业"河北雄安联行网络科技"担任 CEO。

唐多坚信"每个人的能力都不是固定的，潜力是可以被发掘和培养的""成长的过程一定是充满失败和需要不断付出的"。在完全不同的企业文化、不同管理风格的碰撞中，唐多带领团队富有激情地向下一个目标坚定地前行。

———————— 还原精彩对话 ————————

严明花：你从知名跨国企业转到民营企业，能否先概括一下你的整个职业经历？

唐　多：我的职业经历可以分为两段。

第一段大概持续了 20 年，其中，16 年在 IBM，4 年在微软。虽然在 20 年里只待过两家公司，但是我基本把职场生涯里能做的很多工作岗位都做过了，有点像我们从幼儿园到大学本科、研究生甚至博士的学习，这个阶段我不断学习基础知识，积累经验。

第二段就是最近这两年，我离开了非常熟悉的外企，进入民营企业，加入创业团队。

如果说第一段经历是"读万卷书"，那第二段经历就像"行万里路"。也就是在这两年里，我把过去 20 年在外企积累的经验，从"术"中提炼出"道"，又以"道"再推演出"术"来迎合时代的发展，带领团队往前冲。

严明花：具体来看，哪个阶段的发展对你的帮助最大？在哪个阶段你遇到了最大的发展瓶颈？当时你是如何突破的？

唐　多：对我的成长帮助最大的是 2010 年，我从 IBM 重庆分公司总经理的职位升职到 IBM 北京总部，负责 IBM 全球竞争战略在中国实施和落地的两年时间。

当时我为了走出舒适圈，主动争取机会，从一个我很擅长、业绩表现很好的岗位，换到了一个完全没经验、从来没做过的工作岗位。当时，我在工作地点、环境、团队、工作考核标准、工作工具、方法等方面都需要重新适应。

那段时间是我在外企 20 年里压力最大的两年，但是我咬牙坚持下来后才发现，实际上那两年是我成长速度最快、成长维度最广的一个阶段。

那两年，我提升了跨部门沟通与协调的能力、发现问题和解决问题的能力以及不被人接纳时的应对能力，更重要的是，我亲身感受到销售前方和销售后方的工作内容和工作方式的差异，从而帮助我后续再回到销售前线的时候能够有更强的全局观，在与客户的沟通中能够发现更多的潜在机会，帮助我从"产品的销售者"成功转变为"整体解决方案的提供者"。

我感觉到的最大的发展瓶颈期是 2014 年，当时我已经在 IBM 晋升为高管，即系统科技事业部大西区总经理。由于当时的 IBM 面临巨大的转型压力，我自己的成长速度也明显放慢，无论是走直线还是走曲线都很难在 IBM 找到上升的突破口。经过一段时间的纠结和自我分析，我通过抓住外部的发展机会，即调到微软担任西区总经理的方式突破了瓶颈。

严明花：如果你有一次吃"后悔药"的机会，你想改写哪段职业经历？

唐　多：这个问题我在过去都会时不时地问自己。在不同的阶段，我的答案好像都不太一样。刚进入职场的时候，我最想改变的往往是最近的事情或职业经历。因为那个时候，我只能看到相对短期的影响和效果。

后来，我自省的意识和能力越来越强，开始喜欢追本溯源。那个时候，我会觉得是不是一开始自己就选错了行业，选错了发展的路线，那时想改变的可能都不是某段职业生涯，而是整个行业的选择，甚至专业的选择。

到了这几年，我思考这个问题时，反而觉得其实并不需要改写某一段职业生涯。因为行行皆有道，每段生涯都是一段独一无二的成长经历，人生没有白走的路，每一步都算数。更重要的是，你是不是在每段经历中都认真欣赏了沿途的风景，珍惜了同行的人，从中体会到了自己的成长。这么一想，任何一段经历都是不必后悔和被改写的。

严明花：你如何看待职场的"成功"，成功的秘诀是什么？

唐　多：刚入职场时，我会觉得成功是一个阶段的成果，甚至是最后的终点，我在职场所做的一切都是为了到达这个终点：可能是金钱的多少，权力的大小，资源支配的多寡，包括社会贡献、社会价值以及自我价值的实现程度。这种"成功"很多是在和别人的比较中体现出来的。

不过，现在我会觉得"成功"更像是一个过程，而且是一个只和自己相关，和别人无关的过程。我在每一天都能成长，每一段职业经历都能让自己有所收获，看见成长的自己，看见更好的自己，就是一种成功，而且是别人夺不走的成功。

至于秘诀，还是要看每个人、具体的行业，行行皆有道，人人都有自己的成功之道。我自己感受最深的就是保持好奇心。好奇心不仅是指对外界的好奇心，更多的是指对自己的好奇心，希望不断挖掘自己潜能的好奇心。

严明花：以你的观点，什么类型的人适合做职业经理人／自由职业者／创业者？这些人的共性在哪里？

唐　多：这个问题很大，每个人做不同的选择有很多原因，每个人能否做好每件事也有很多原因。我只能描述我的个人体会。不论是你想成为，还是你适合成为哪一类职场人，有一个前提很重要，就是你要清楚你要什么。你要什么，决定你会为此付出什么和坚持多久，你的付出和坚持会成为你最后能否做好的重要因素。

如果你更多关心你的职业生涯，或者你的组织对外输出的价值和影响，那么你可能适合在大企业做职业经理人，因为在这里，你的个人价值体现虽然小一些，但是你可以调配更多的资源，和一群优秀的人一起创造更大的价值。

如果你更多关心自己的个人价值在职场中的体现，那么你可能适合创业，你应该尽最大的可能去发挥你在这个行业的价值和影响，即便存在失败的风险。

如果你更喜欢向内看，关心的是对自己的看法和自我

的价值实现，而不太在乎世界对你的看法，包括你对
外的价值体现，那么你可能更适合做自由职业者。

不论你适合做什么，我认为有一点很重要，那就是你
需要了解你自己，知道你要的是什么。

严明花：你觉得你心中一直有一条主线引领你前行吗？那条主
线是什么？

唐　多：我觉得引领我持续发展的主线是我一直追求"看见成
长的自己"，我刚开始关心的更多的是成长的速度，
后来我开始关心成长的方向，现在我开始体会成长的
过程。

严明花：你能走到今天的位置，你具备的与众不同的特点是什么？

唐　多：说到独特之处的话，首先，我做每件事情都要努力做
到"知其然且知其所以然"，这样能让我对方向和结
果更清楚。

其次，我对职场晋升和职务的理解与他人不一样，很
多人会说"屁股决定脑袋"，但我始终认为"脑袋决定
屁股"。也就是说，你的思维模式、你所掌握的专业知识、
你所洞察到的行业、社会的发展趋势等将会决定你能
否比别人更快成长，承担更多的角色，起到更关键的
作用。

最后，我做任何选择都会考虑时间因素。因为很多事情的结果是需要经过一段时间后才能明朗的，人的发展和成熟也是需要一定的时间的，但是这个时间的长短一定要与自己设定的目标相适应，而不能一味地拉长时间或盲目地缩短时间。

严明花：你认为作为职业经理人要想预防职业瓶颈期，应做好哪些能力储备？

唐　多：首先，职业经理人应该学会预测自己所处领域职业发展的方向和路径，提前了解通常在什么阶段会遇到瓶颈，这样就能提前进行知识和技能的积累和修炼，从而获得关键时刻所需的能力；

其次，储备能够快速适应变化的能力，甚至主动去迎接变革的能力；

最后，我认为应该培养包容的心态、积极向上的心态，从而强化并相信自己的能力，找到定力。

严明花：你给同样想转型、突破瓶颈的职场朋友的建议是什么？

唐　多：第一，勇于走出舒适圈，我认为"敢走出去"比"往哪里走"更重要；

第二，心甘情愿地付出努力，付出比别人、比预料中更多的努力；

第三，具有成长型思维，敢于接受失败，要学会从失败中反省，然后再挑战，若还是失败就要再反省，要相信这一系列的过程也是一个重要的成长过程。

严明花： 最后，请送给年轻、自由的职场人一句话。

唐　多： 所说即所想，所想即所感，所感即所是。所以，要听从你内心的声音做自己。另外，要持有好奇心而不是批判；要谦卑，因为你并不完美。

─────────── **职场攻略** ───────────

一、准确了解成长型思维模式的特征

思维模式是每个人最底层的逻辑系统，会衍生不同的想法和行为，而这些不同的想法和行为把每个人变成截然不同的人。

斯坦福大学著名心理学教授卡罗尔·德韦克（Carol Dweck）通过20多年的心理学研究发现，人的思维分为两种：成长型思维和固定型思维。成长型思维和固定型思维模式的差异见表1，每个人在确立人生目标、处理工作和人际关系、发挥自己的潜能等方面，这两种思维模式起着完全不同的作用。

表1　成长型思维和固定型思维模式的差异

	成长型思维	固定型思维
关于挑战	欢迎	规避
关于变化	拥抱	痛恨
关于机会	主动寻找、创造	限制、设限
关于变革	一切皆有可能	不能接受
关于反馈	珍视反馈内容	不接受批评
关于舒适区	主动跨出、探索新事物	喜欢维持
关于努力	持续努力，在失败中总结经验，再努力	觉得是无用功
关于学习	终身学习	毕业后无须过多学习

具有成长型思维的人比持有固定型思维的人更具有积极、开放的心态，他们力求上进，充满活力和"弹性"。

二、拥抱变化，创造机会

在 VUCA 时代，整体市场环境的变化是不可阻挡的，作为职业经理人，我们应该具有成长型思维，积极拥抱变化，而不能以固定型思维来拒绝或痛恨变化。

唐多步入职场以后，第一次拥抱重大变化是在他加入 IBM 成都分公司满 3 年的时候。起步阶段，唐多负责的是 IBM 小型机在电信电力行业的销售工作。经过几年的摸爬滚打，唐多从销售"生手"逐步发展为销售"能手"，在电信电力行业积累了丰富的销售经验和固定的客户资源。

当唐多的直线经理建议唐多转到中小企业行业进一步发挥作用时，唐多欣然接受了变化，毫不犹豫地放弃了熟悉的行业去挑战新的行业。转到中小企业行业，一向超额完成业绩指标的唐多却第一次未能按时完成当年的业绩指标。后来，唐多经过深层反思，终于找到业绩出现偏差的根本原因，及时调整与客户互动和打交道的方式以及销售模式，再次超额完成业绩指标，拿到了IBM全国奖励。

另外，唐多给自己主动创造机会，改变自己在公司里的角色和职位。2006年，当他在IBM成都分公司轮番负责过IBM小型机在电信电力、流通、制造、政府、教育、金融、中小企业等全行业的销售工作后发现，若接着留在西南地区，自己进一步成长的空间基本就没有了，仅需要重复已经非常熟练的工作而已。因此，他主动与IBM总部沟通，经过近一年的反复沟通，终于说服了总部的相关人员，争取到IBM重庆分公司担任总经理，他也是当年IBM最年轻的区域总经理。

三、笑对挫折，智慧地认知"失败"

持有固定型思维的人和成长型思维的人对待"失败"的心态有很大的区别。

具有固定型思维的人害怕失败，有时因为对失败的恐惧而不敢尝试做任何新领域的事情，稍微遇到挫折，就立马将其断定为失败，要么过早放弃，要么丧失斗志，全盘否定自己的能力。但是，具有成长型思维的人做事情时可以把失败看成通往成功过程中的一段经历。若遇到挫折，深层地分析失败的具体原因，同时在失败中得到成长，心态上认为仅是阶段性目标未达到而已，充分相信经过调整时长或周期肯定能达到目标，不断激励自己，持续地向既定的目标前行。

唐多转调到 IBM 北京总部后对如何推动新业务根本找不到头绪，推动的难度远远超过最初的预估，未能得到相关部门的配合不说，还被误解为各部门正常工作的"干预者"和"找茬者"。

面临着重重困难，唐多一时陷入迷茫，甚至被同事和领导质疑自身的价值，但他没有放弃，不断自我激励，采用不同的方式与 IBM 总部和中国各区域负责人沟通，不断调整自己的心态，逐渐找到能够得到周围人理解的方式，坚定地认为不被挫折打倒也是一种收获，高压下的成长也是一件美好的事情。唐多咬牙挺住的成果就是迅速提升了自身的抗压能力以及发现问题、解决问题的能力，同时提高了承受挫折的能力，使其蜕变为全面了解市场前线和后方的高层管理者。

由此可见，具有成长型思维的人善于借用时间的维度，喜欢用"只不过目前为止"的逻辑，智慧地看待"失败"。

四、不要给自己设限，应持续激发潜能

遇到瓶颈期不知如何解围的人，多数是给自己设限的人，对

新鲜事物不感兴趣或不敢去尝试，经常给自己心理暗示："这个我不会""这个没有做过""我这个年龄不适合""跟我现在的行业不一样"等，提前给自己设定"心理高度"和"心理宽度"，把自己框在里面。

当今社会的发展节奏很快，无论是企业还是领导、同事，都很难耐心地帮助每个人激发潜能。作为职业经理人，我们一定要学会自我激发潜能且要持续地自我激发，打破框架，敢于"跳高"、跨界。

唐多刚入职不到一年要去拜访某省邮电管理局的总经理时，虽然他清楚无论是自己的阅历还是对行业的了解、职位的高低，自己均具有很多的不足。但是，当时唐多把压力转为动力，决定"跳高"试试，在短时间内快速学习邮电行业知识，并尽力使用入职培训中学到的谈判和沟通技巧，鼓足勇气在客户面前充分展现，最终成功拿到了该省电信计费建设项目。

不断激发自己潜能的唐多两年前又从传统行业跨界加入"互联网+"行业，一边学习新领域的行业知识，一边带领团队完善民营企业、混合制企业的管理模式，致力于推动新兴行业的发展。

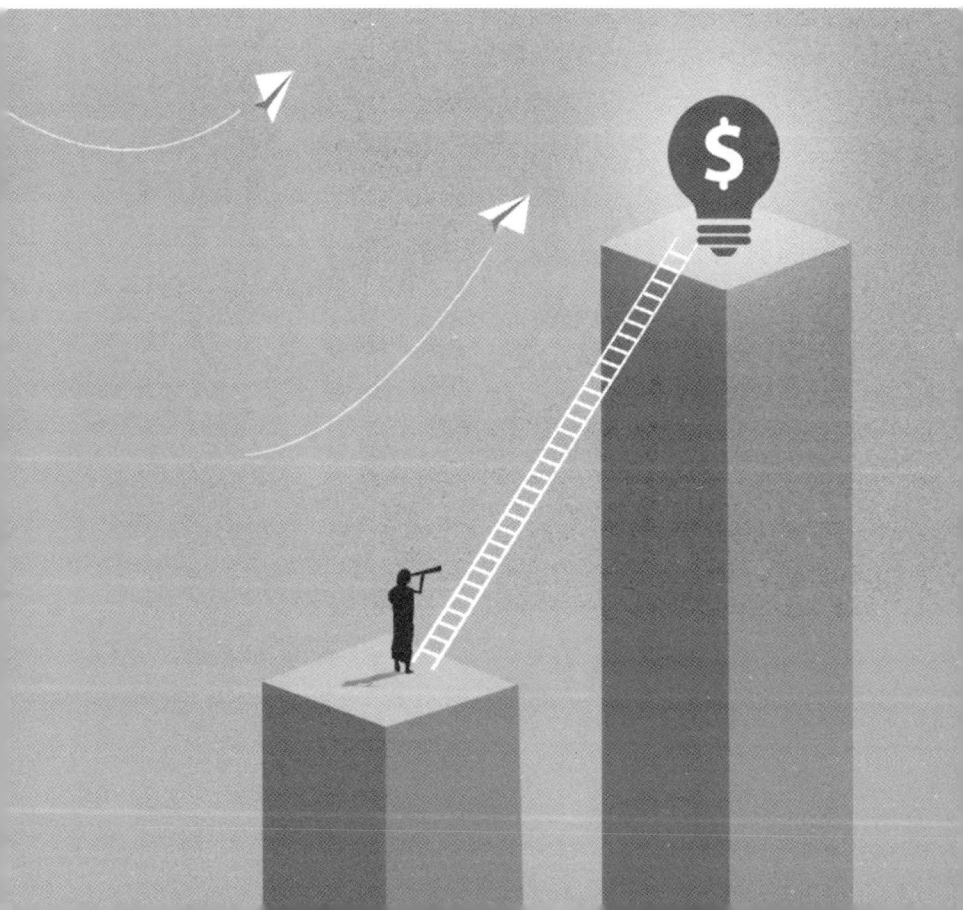

专注力 + 表达力，
助你在职场脱颖而出

王子璐是在我受邀担任顾问的格局商学"经营新格局"项目中相识的人，他在整个项目中负责讲授《产品定位及打造》和《商业模式新探索》，他的讲授得到了企业家们的一致好评。

王子璐今天的成绩得益于他近15年专注营销领域，从基层销售人员做起，一步一个脚印、扎扎实实积累和不断摸索出来的实战经验。

2005年，大学尚未毕业的王子璐以实习生的身份进入国内著名互联网公司百度，伴随着中国互联网行业的崛起，早早定位并专注于营销领域发展的王子璐，凭借其清晰的逻辑思考能力以及精准的表达能力，短短3年就晋升为百度华南区域营销总监。2008年，为了进一步探索营销的本质，王子璐果断转入东风日产乘用车公司担任营销总监，快速横向突破，负责营销全模块业务，掌握品牌营销、会展营销、数字化营销等多维度营销理念和方法。

之后，为了帮助更多的企业提升品牌力，创新商业模式，2014年，王子璐再次挑战自我，走出大型企业，开始创业，并把自己打造成聚焦于营销领域且具有竞争力的"产品"。

如今，王子璐在中国营销咨询培训领域不断创造着价值，绽放着自己。

基层销售，也能"跑"出意想不到的高收入

2005 年 9 月，王子璐在校读大四时就进入中国互联网企业百度广州分公司实习。当时的百度刚刚在纳斯达克完成上市，正处于高速发展阶段。百度公司的搜索技术与用户量已相当成熟，急需营销型人才将其转化为商业价值。向来积极主动、善于表达的王子璐被安排到正在扩张的销售团队，他从最基层的销售员做起，开启了他的职业生涯。

互联网公司的销售工作与传统行业公司的销售工作有着很大的区别，互联网公司的产品是服务而非实物，销售服务需要更加高效、精准的表达能力和人际沟通能力。这对于大多数人来说，成功销售的难度系数增加不少。不过，在大学期间就参加过"国际大专生辩论赛"，并在多场比赛中获得过最佳辩手的王子璐反而如鱼得水，很快找到了感觉，适应了销售工作。

当鱼儿遇到了水，便一发不可收。百度的销售主要是针对在互联网上有搜索排名需求的中小企业。王子璐清晰地记得，他的第一个客户是一家律师事务所的律师。律师的工作是严谨而有条理的，正是王子璐清晰的逻辑思维和精准的表达能力，打动了这位客户，成功签下了第一张订单。而更令人难以置信的是，得到客户的信赖后，王子璐和客户成为朋友。接下来的半个月，这位律师朋友接连为王子璐介绍了 5 位同行客户，这

为王子璐当月超额完成业绩奠定了基础。

进入百度实习期的第一个月，王子璐凭借个人的销售业绩提成月收入过万。要知道在 2005 年，一个本科应届毕业生的平均月薪是在 2500 ～ 3000 元，月收入过万确实是意想不到的一笔大额薪酬！

工作第一个月就拿到高薪的王子璐，自信心得到了倍增，坚信自己是为营销而生的，暗下决心将来一定要专注于营销领域。经过几个月的实习，王子璐发现虽然做销售凭借沟通和表达能力成功开发一个客户容易，但要想实现每个月稳定的业绩离不开专业性。例如，开发客户，东一榔头西一棒槌，每个行业都去谈，却谈不精，业绩就很难稳定。于是，王子璐选择深挖行业客户。在一个行业里交朋友，可以得到很多客户的转介绍。同时，通过行业的深挖，自己也成为这个行业里搜索引擎营销的专家，再与客户交流时，就会更有说服力。

凭借实习期的突出业绩，2006 年王子璐毕业后，顺利留在了百度广州分公司，并从销售顾问晋升为销售主管，除了完成自己的销售任务外，还担任起小团队的负责人。在 2005 年的 12 月到 2006 年的 6 月间，王子璐获得百度广州分公司连续 7 个月的"月度销售冠军"称号，获得"2006 年上半年销售总冠军"的称号。这一骄人的业绩使他迅速晋升为销售经理、高级销售经理，由一线销售人员正式进入销售管理团队。

勇于挑战，带来"互联网速"的自我成长

已经晋升为高级销售经理的王子璐，感觉销售工作初期的兴奋逐渐褪去，一切归于平淡之后，日复一日的重复性销售管理模式也使王子璐产生了乏味感，他第一次面临职场发展的瓶颈。正在思考下一步如何发展时，王子璐在厦门的一次百度营销峰会上，直接对话百度 CEO 李彦宏，得知李彦宏当年创办百度时坚持下来的核心信念是"专注于搜索"。顿时，"专注"这两个字激励了王子璐，他铁心把"营销"做到极致。

机会是属于有准备的人的，当年百度广州分公司已经达到将近 600 人的规模，需要在华南地区进一步扩大市场范围，公司选派王子璐到佛山成立新公司。

面对这一挑战，王子璐勇敢迎战，二话不说奔赴佛山，撸起袖子干了起来。王子璐从找办公场地着手，快速为佛山分公司招聘人事、行政、财务、销售人员，他单枪匹马打出了一片天地。

除此之外，王子璐还要面对销售任务的压力。此前，王子璐在广州分公司带的销售团队都是成熟的销售顾问和熟悉的小伙伴。即使是新员工，也都接受过标准化的岗前业务培训。而此时的佛山全是没有任何经验的新员工。团队都还没配

齐，哪来的岗前培训？可上级下达的每月销售任务却一点儿也不少。

王子璐只好把自己积累的销售经验提炼成培训课程，自己一波又一波地进行新员工培训，高效地打造团队，表面上承担着高级销售经理的职务，实际上他履行着人、财、物全方位管理的总经理的角色。这一次经历锻炼了他分析问题和解决问题的能力、逻辑思维能力、团队组建与激励能力，这使王子璐蜕变成名副其实的管理者。

有了成功创办佛山分公司的经验，得到上级领导更多关注与青睐的王子璐，再次被选派到深圳成立分公司。这次有了上一次的经验，王子璐相对容易地解决了各个方面的困难，仅用5个月的时间就把深圳分公司带上了正轨。

在百度内部得到接二连三成长机会的同时，王子璐还得到了去公司外部锻炼的机会。

当时百度公司为了提高行业影响力，经常举办高端客户"互联网营销之道"的巡讲活动（这是针对百度的高端客户普及互联网营销知识，提升互联网营销效果的活动）。因为有着良好的沟通表达能力，以及对互联网营销的深入研究，王子璐担任了百度公司华南地区的主讲专家。通过对外宣讲以及对成功互联网营销案例的研究，王子璐的视角从销售提升到营销，这也为后来王子璐担任华南区域营销总监一职打下了坚实的基础。

从 2005 年到 2008 年，短短 4 年的时间，百度在华南地区快速建成了广州、深圳、东莞、佛山、中山 5 家分公司。人员规模由原来的五六十人扩张到接近 3000 人的规模。这一路也让王子璐从基层销售员成长为百度大华南区营销总监。

换个"赛道"，持续探索营销的本质

2008 年，在百度公司担任华南区域营销总监的王子璐，为了进一步自我提升，用业余时间攻读了英国威尔士大学的 MBA。在学习期间，王子璐不断审视自己的职业目标，开始了更长远的职业规划。基于自身的优势，王子璐将自己的职业目标设定为把自己打造成营销领域的专家。

短时间内在百度得到快速提升与发展，王子璐看到了自己的发展瓶颈。一是在以技术为主导的企业里，王子璐营销领域的职业通道遭遇了"天花板"。二是由于产品和服务的特质，百度的营销是以销售业绩为导向的扁平化的管理模式，很难让他触及营销更深入、更全面的精髓。

为了在专业领域更全面地武装自己，2008 年，王子璐果断离开了互联网行业，转战汽车行业，来到东风日产乘用车公司。不同于在百度 4 年间的职位快速晋升，王子璐在东风日产的 6 年里是一个横向突破的过程。

一开始，王子璐负责的是区域营销，虽然从互联网到汽车行业的跨度很大，但是凭借其在区域营销领域轻车熟路的经验，王子璐很快就在汽车营销领域取得了不俗的业绩。在王子璐管辖的区域，他在经销商中赢得了良好的口碑。王子璐给经销商们留下的印象为：他不仅会"督"，更会"导"，还能带着经销商共同成长。

后来，王子璐在东风日产又从区域营销转向品牌营销和车展营销，同时参与组建数字化营销体系，助力东风日产的品牌影响力和销量牢牢占据乘用车合资品牌的前三名，还使东风日产的车展营销体系成为行业内学习的标杆。

就这样，6年间，王子璐在东风日产负责过多个维度的营销管理工作，几乎涵盖了汽车营销的方方面面。他一路结合实践探索着营销的本质，把自己打造成营销领域多维度的专家，并对自己在汽车营销领域的经验进行逻辑化梳理，出版了一系列著作。

跳出体制，重新定位

2014年，刚刚过完30岁生日的王子璐，静下心来回顾了自己近10年的职业生涯。他认为前4年在百度的时光是快速纵向晋升的4年，之后在东风日产的6年是横向突破自己的6

年，整个职业生涯使自己在营销专业领域得到全面成长。

认真盘点完自己的优势，王子璐毅然离开了东风日产，跳出体制内的工作模式，开启了自己的创业历程。

对于离开央企体制，起初，王子璐身边的家人和朋友难以理解。但是，王子璐走得却很坚定。他认为鱼和熊掌不可兼得。央企的稳定性与自己目标中的突破力，本身就是一对矛盾体。如果说此前 6 年的成长期需要依靠稳定来潜心，那么现在突破期的到来就必须要打破这个体制的桎梏。

然而，创业并不是一帆风顺的。起初，王子璐对于创业的理解就是成立一家属于自己的公司开展经营管理。于是，他根据自我分析与市场环境的调研，成立了一家咨询培训公司，主要承接汽车行业营销咨询培训服务。在王子璐看来，自己擅长营销，此前又在汽车行业深耕了 6 年，成立一家咨询培训公司，为汽车行业其他品牌提供营销解决方案再合适不过了。

一开始，凭借自己在行业内的知名度，王子璐的公司很快拿到了一些项目，做得也是顺风顺水。但是，随着业务的开展，当上老板的王子璐发现，自己当前事业投入的精力与当初职业规划的初衷和目标出现了很大的偏差。

首先，王子璐创办这家咨询公司的初衷是希望通过自己在汽车营销领域的专业，帮助更多的品牌，为他们提供解决方案。而当了老板的他要考虑公司的生存与发展问题，自己把更多的心思花在了"竞标""拿单""维系客户""管理员工"上，对于营销领域的深入研究反而淡化了。

其次，由于王子璐绝大多数的时间花在了公司经营上，很多业务项目都是由下属完成的。而下属的经验有限，完成的质量也打了折扣，反而影响了王子璐自身的品牌形象。

是时候要在"老板"和"老师"这两个角色上做平衡了。痛定思痛，经过了 9 个月的运营，王子璐决定对自己的创业方向重新定位。王子璐决定将此前"拿项目"的经营模式，转型为"做产品"的经营模式。而这个"产品"就是他自己。

凭借着自己对营销的专注，2015 年起，王子璐放下了"老板"的角色，把自己打造成一个以"商业模式与营销创新"为核心的咨询培训师的角色。这样，王子璐可以把更多的时间和精力投入对营销领域的研究和给客户的咨询培训服务。业务方面的事宜则通过与全国多家咨询培训机构的合作模式展开。

这样的经营模式，虽然在单一项目上的利润有所降低，但年度项目总量的增长，以及跨行业跨领域的业务，使他的视野与经验更加丰富，知名度和影响力也随之扩大。

王子璐说，2014 年是他职业生涯面临最大挑战的一年。离开东风日产不久，先是有很多猎头拿着非常诱人的薪资找到他，但坚定创业的他委婉地拒绝了。当自己的公司面临转型时，又有咨询行业的同行拿着股权前来并购，也有公司邀请他去做事业合伙人。面对这"乱花渐欲迷人眼"、不知是机会还是陷阱的纷繁芜杂，"专注"二字再次帮他做出了选择。既然自己在工作的第一天就认定了是为营销而生，那就无怨无悔地选择做一名营销领域的专业咨询培训师。

解开束缚，展翅翱翔

2015 年，经过重新定位的王子璐正式步入了职业咨询培训师的生涯。卸下企业带来的一切光环，王子璐沉下心来，一门心思地专注于营销的研究和传道。做一名老师，成为王子璐对于事业和人生的更高追求。

弱水三千只取一瓢饮，在纷繁芜杂的咨询培训领域，王子璐深深扎根于营销，通过自己良好的沟通表达能力，很快就成为业界知名的培训师。褪去了行业的束缚，卸掉了企业的重壳，解开束傅，展翅翱翔。

今天的王子璐为不同行业的企业提供营销咨询与培训服务，包括阿里巴巴、华晨宝马、中国移动、中国南方航空公司、国家电网、招商局等在内的多家国内外知名企业。同时，王子璐也担任北京大学、中山大学、上海交通大学、北京交通大学、重庆大学、温州大学、华东交通大学等多所知名高校的 MBA 和 EMBA 特聘导师。

另外，CCTV 特聘王子璐担任高级品牌顾问，王子璐参与了 CCTV《梦想 +》《见证 · 品牌》《国家品牌计划》栏目的品牌采集与营销策划。

2016 年 4 月 16 日，王子璐被评为"中国 50 强讲师"（通过网络投票）。在颁奖盛典活动现场，王子璐与 50 强讲师们同台参加"黄金 163 秒脱口秀"比赛，当场荣获"中国品牌讲师全国 10 强"称号。

2018 年 7 月 18 日，由华人学者营销协会和中国商业联盟会联合主办的"改革开放 40 周年，营销风云人物"评选活动（从行业影响力、学术影响力、社会影响力三个维度考核，历经 3 个月），王子璐被评为"改革开放 40 周年，营销风云人物"。

"把所学到的营销和管理理念与自己的实践经验相结合，独创出一套中国式营销思维，并把它传递给更多的行业，从而助力更多的中国企业打造出强有力的民族品牌！"这是王子璐一直追寻的梦想。如今的王子璐为了实现这个远大梦想，驰骋在中国咨询培训领域。

—————————— 还原精彩对话 ——————————

严明花：哪一个阶段对你的发展帮助最大？哪一个阶段你遇到了瓶颈？你是如何突破的？

王子璐：百度广州分公司选派我到佛山组建分公司的经历给我带来的影响和帮助是最大的。我现在回想当时的情景也是非常激动的。那时我进入职场的时间并不长，顶着这么艰巨的任务，无论是对公司还是对我自己都是一个很大的挑战。不过，我还是凭借自己的努力，按期圆满完成招人、培训人、搭建团队、开发新市场、达成销售指标等多项任务，也是那段经历使我迅速蜕变为团队管理者。

无论在百度、东风日产还是创业，初期都会遭遇瓶颈。我觉得瓶颈本就是存在的，它是阻碍你达到期望值的各种要素，如行业、职位、公司制度、组织架构、知识储备等。

每次遇到瓶颈我都以"先制定明确的目标与规划，之后为实现既定的目标与规划做出必要的选择与放弃的决策"为基本原则和方法来突破自我。

严明花：从营销基层人员成长为市场上得到认可的独立顾问的过程中，你的什么能力和技能起到了关键作用？

王子璐：我认为是专注力、表达力和逻辑思维能力。

严明花：你如何看待职场的"成功"？成功的秘诀是什么？

王子璐：我理解的职场"成功"应同时满足以下三重境界：

做自己喜欢做的工作，做自己擅长的工作，工作能为自己带来满意的经济收入。

我认为成功没有秘诀，成功就是三件事：

选择，选择就是找对那个你理想的终点；

规划，规划就是以终为始，制定一个个小目标；

坚持，坚持就是专注达成目标。

严明花：你在职业发展的过程中什么时候感觉最焦虑？当时你是怎样做到克服焦虑，成功转型/突破自己的？

王子璐：从发展的角度看，我认为无论什么角色，任何时候都有一定的焦虑感。我想，我在百度晋升为华南区总监后的焦虑感相对来讲是最大的。

当时，我的焦虑主要来自不断提升的职业发展目标。互联网行业公司的组织架构过于扁平化，后辈在不断地追赶着自己，以及太多不确定的因素导致我很焦虑。但这种焦虑并不是什么坏事，因为你并不是只在发愁而没有行动。相反，有焦虑有担忧可以是一种鞭策，鞭策自己克服焦虑，突破自我。当时我采用的克服焦虑的方法主要有三个：

活在当下，先明确自己当下的事情有没有做到极致；

适当规划，明确自己当下的事情在为未来的发展做着怎样的铺垫和准备；

找准目标，明确自己未来的目标，即使现在没有达到目标，只要方向是对的，就有希望。

本着这三点，我在百度持续履行本职工作的同时，学习 MBA 课程作为铺垫和准备，最后找到能够实现更加广泛、深度探索营销本质的职场发展机会，并经过一番思考和比较后，最终以转入东风日产乘用车担任营销总监的方式实现了突破。

严明花：你专注于探索营销的本质，你认为中西方的营销理念有何共通的部分吗？

王子璐：营销学虽然起源于西方，但是我认为很多根源和我国先哲的思维模式完全一致。例如，在经典的营销定位理论中提到的"少即是多"，其实就是春秋时期道教学说创始人老子提出的"大道至简"。

严明花：你觉得你心中一直有一条主线引领你前行吗？那条主线是什么？

王子璐：小时候我的梦想是"从我开始改变世界"，后来我把它调整为"从我开始影响世界"，现在我定位为"从我开始影响身边"。

其实，这条主线就是《大学》里谈的"修身齐家治国平天下"。

只不过小时候梦想看得太远，而现在更关注于通过自身修为的改变去逐步扩大影响力。按当下流行的话就是"做最好的自己"。

严明花：你能走到今天的位置，你具备的与众不同的特点是
什么？

王子璐：**专注力**。我不仅在工作中很专注，在生活中也很专注。
例如，我个人爱好研究人类文明发源史、欧洲文化
史等，我基本上要把这些学科研究透。我喜欢听高
保真音乐，我就会把音响、功放、音乐录制技术的
知识研究透。有时候，我为了在自己家的花园里种
花，甚至把植物学、农学、插花艺术这些学科研读
个遍。

表达力。表达力应该是我从小就具备的一个比较出众
的能力了。我从小就爱"说"，读书的时候经常参加
演讲比赛、辩论赛之类的活动；大学期间参加过"国
际大专生辩论赛"；后来又对沟通表达做过系统的学
习和训练。

逻辑思维能力。我考虑事情是分步骤的，我会去思考
每一步与每一步之间的关系。这种逻辑思维能力，对
于我现在做职业咨询培训师非常重要。我可以更好地
引导我的学员的思维，帮助他们学习和理解。

严明花：营销人才一般到什么阶段容易碰到瓶颈？其核心原因是

什么？要想预防职业瓶颈期，应该做好哪些能力储备？

王子璐：营销人才的第一个瓶颈期一般出现在担任销售主管之后。瓶颈期出现的主要原因是重复性的销售工作容易让人厌倦，激情退却。

营销人才的第二个瓶颈期出现在晋升到营销总监之后。瓶颈期出现的主要原因是由于营销工作不同于通用管理工作，模式和方法太多了，不同的行业，营销方式千差万别。但是从事一个行业的时间久了，很容易思维固化，同时容易认为自己有经验，就会只从自己的角度出发看问题，而忽视了用户。其实营销的本质是"用户为王"。

所以，想要预防职业瓶颈期，我认为应该重点培养以下几项能力：

一是自我管理能力以及自我持续驱动能力；

二是提前多了解和关注不同的行业，能够跨行业沟通和协同的能力；

三是及时与市场互动，获取不断迭代的用户需求的能力。

严明花：你给同样想转型、突破瓶颈的职场朋友的建议是什么？

王子璐：**首先，要有明确的目标。** 选择是排在第一位的，没有方向，基本上就是在瓶子里打转。

其次，基于目标对自己的优势和劣势有客观的分析

与评价。不是说每个目标你都一定能实现，必须客观分析。

最后，要坚持。坚持说起来很简单，其实是你一路上怎么补足你的劣势，发挥你的优势，沉下心来把事情做到极致的过程。

严明花：最后，请送给年轻的职场人一句话。

王子璐：专注才能更好地生存。

职场攻略

一、打造职业专注力

每个人在职场发展的过程中会遇到各种诱惑，若没有非常明确的职业发展方向就很难专注于某个职业领域。

我在这里提到的职场专注力，不是单纯地指专注于某个职业领域的能力，而是指通过专注于某个职业领域得到沉淀和积累，打下扎实的功底，提炼出真正有价值的内容来形成一股力量，而且这股力量能够影响自己、影响他人、影响行业乃至影响社会，职业专注力如图 1 所示。

```
┌──────────┐   ┌──────────┐   ┌──────────┐   ┌──────────┐
│ 专注于某个 │→ │ 沉淀和积累 │→ │ 提炼出有价 │→ │ 形成一股   │
│ 职业领域  │   │ 相关职业领 │   │ 值的内容  │   │ 力量      │
│          │   │ 域、行业   │   │          │   │ 能够影响自 │
│          │   │ 的经验    │   │          │   │ 己、他人、 │
│          │   │          │   │          │   │ 领域、行业 │
└──────────┘   └──────────┘   └──────────┘   └──────────┘
```

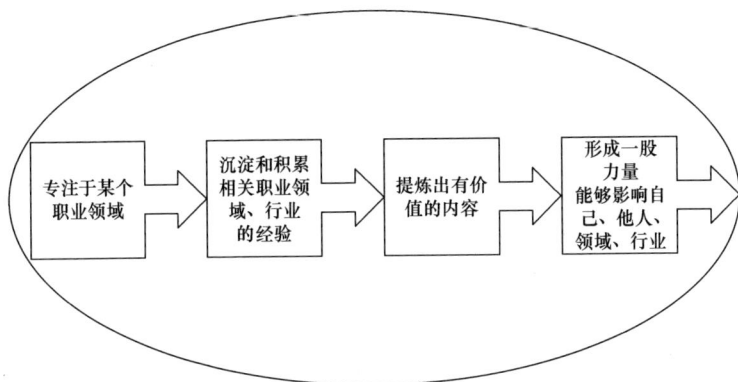

图1　职业专注力

如何打造职业专注力？

首先，找到适合自己的职业锚。

职业锚又称职业定位，是由美国麻省理工学院斯隆商学院、美国著名的职业指导专家埃德加·H·施恩（Edgar.H.Schein）用长达 12 年的时间，对 44 名斯隆商学院的 MBA 毕业生的职业发展过程进行深入研究（面谈、跟踪调查、公司调查、人才测评、问卷等多种形式）并分析出来的理论概念。通俗地讲，是指在你不得不做出选择的时候，你无论如何都不会放弃的职业中的那种至关重要的职能领域或价值观。

职业锚，通常是一个人进入早期工作情境后，需要结合实际工作经验和业绩中自省的职业动机、价值观、个人优势来选定的。

王子璐在最初进入百度广州分公司后从实习生做起，在销售岗位上创造出连续 7 个月的销售冠军、半年度销售冠军等业绩之后，发现销售工作不仅能够充分发挥自己善于表达、喜欢与人打交道的个人优势，还与他乐于分享、助人提升的个人价值观非常吻合，所以王子璐选定将销售（营销）领域作为自己的职业锚。

其次，认定了职业锚，就要坚守。

职业锚可以根据职场发展的不同阶段、个人成长动机以及工作环境的变化进行调整。如果自己内心非常坚定地认定就要坚守，那么就能获取专注带来的力量。

职场初期认定营销领域为自己职业锚的王子璐，无论是在百度公司发展中碰到瓶颈时，还是在创业初期碰到需要转型的局面时，都没有被高薪就职、股权合伙、加大短期收益等外界诱惑所干扰，坚守要成长为营销专家的信念。他的目标是把自己成功地打造成聚焦于营销领域的具有一定影响力的培训咨询师。

最后，不断探索、积累经验提炼出有价值的内容。

坚守职业锚不代表不发展、不成长，而是在认定的领域里不断深挖该领域的本质和发展态势来纵向、横向突破自己。

王子璐在百度用 4 年的时间纵向晋升为华南区营销总监后，为了进一步探索营销的本质，果断转入东风日产公司，接连负责品牌营销、车展营销、数字化营销，不仅深层梳理了汽车行业的多维度营销理念，还进一步积淀了营销领域的实战经验，充分展示了其职业专注力所带来的强大能量。

二、提升表达力

在职业发展的过程中，我们不难发现有些人如同"水壶里煮饺子倒不出来"，明明有很好的内容却不能精准地表达出来，导致很难被领导和同事"看见"，很难被客户和合作伙伴"听见"，这将使他们失去很多进一步发展的机会。

当今，市场竞争环境的激烈程度以及企业迫切的发展速度均使职场沟通变得越来越趋向于碎片化、即兴化。例如，在电梯里、茶室里偶遇领导，短暂高效的小组或部门会议、参加公司内外部会议中分享或被提问等，均需要清晰且及时地表达出自己的观点和想法。那如何提升表达力呢？

1. 准确认知何谓有效的表达力

有效表达，不是单向的"说"和"写"，而是双向的。

需要提前明确表达的目标是什么？表达给谁？（确定听众）对方有何需求？（分析听众）表达什么？（主题）以什么形式表达？（电话、书面、面谈、分享等）对方有何反馈？（倾听、互动）确认是否达到表达前指定的目标，是一系列的过程。若单次未能成功表达，还需重复进行，这样的表达才能产生力量来说服或影响、引导对方，从而达到最佳的沟通效果，有效表达过程如图 2 所示。

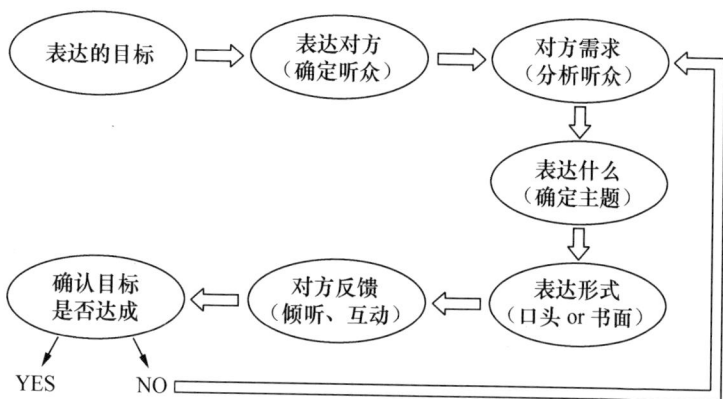

图2　有效表达过程

　　王子璐在百度做销售时就不是单向地给客户传输自己要销售的服务产品，而是结合对方的实际需求深层研究该行业的特点以及痛点，通过多次互动得到信任，不仅达到了销售的目的，还得到了客户介绍客户的口碑营销效果。

　　另外，王子璐在东风日产负责营销时与经销商们的沟通也是一样的，采用了有效表达的完整过程，从而得到经销商们对他"不仅会'督'还会'导'的评价"。

　　2. 表达，要有自信与逻辑结构

　　无论在什么场合发表自己的观点都要有定力，始终保持清醒的头脑，不能一紧张就语无伦次、频繁重复无关紧要的内容。因此，在每一次演讲之前一定要提前做好充分的准备，编写或构思一个脚本。在相对简短的业务汇报或即兴沟通时可以采用过去、现在、未来的时间顺序结构；在时间相对较长的项目汇报或分享会议时可以采用观点（或建议）、理由、举例、总结的结构，使自己要表达的内容更加清晰与完整。

3. 抓住机会不断训练演讲能力

有些人遇到上台发言或讲课的机会，总是有意无意地避开，担心说不好或不是分内的事情就不愿意多做。但是，好的演讲能力都是不断刻苦训练出来的。

王子璐不仅在大学期间参加演讲比赛提升演讲能力，进入百度广州分公司工作期间被选派到佛山建立新公司时，他就主动把自己积累的销售经验提炼成讲义，给新进员工一波一波地进行培训，在培训的过程中也在不断地训练自己的演讲能力。

另外，在百度举办"互联网营销之道"的巡讲活动时，王子璐挑起了主讲人的担子，边研究专业内容，边训练和提升演讲能力，这也成为王子璐敢于突破自己、转型创业成为咨询培训师的资本。

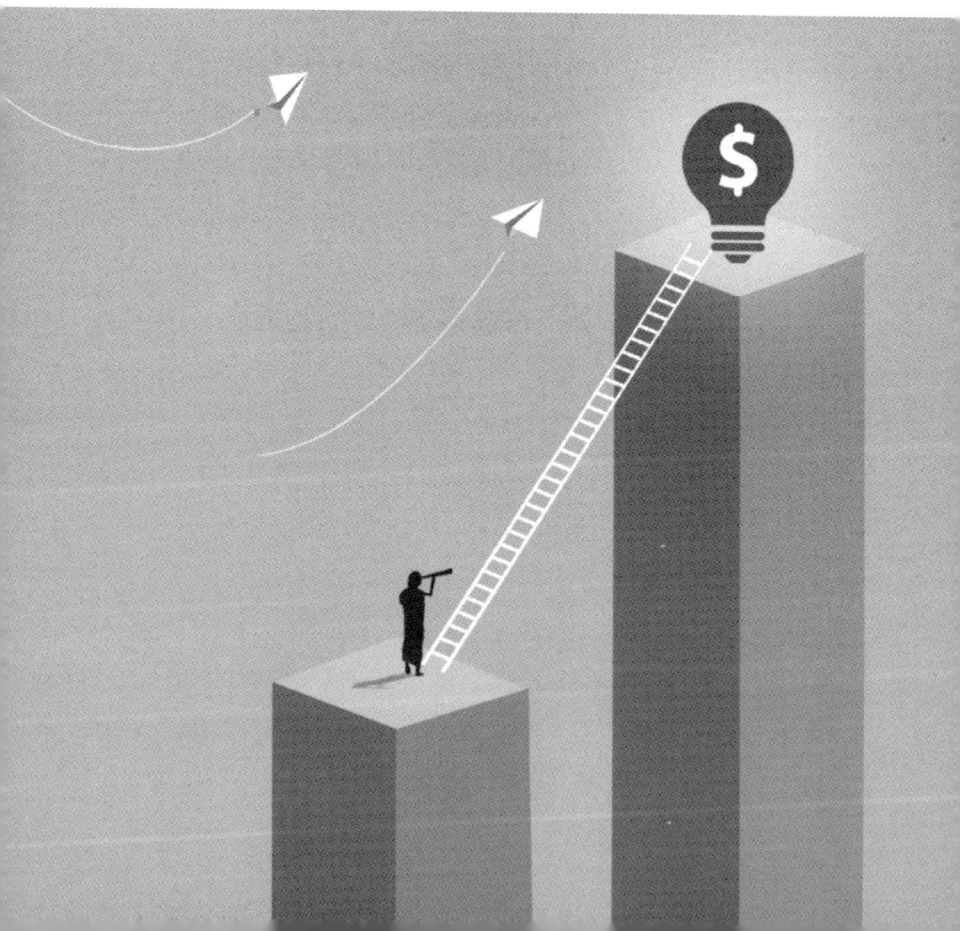

情商力，职场成功不可或缺的竞争力

刘刚的外表是一派理性和严谨范儿，跟他"供应链和生产管理"职业经理人的身份非常相符。然而，若跟他见面交谈，他的热情开朗和幽默健谈立刻会颠覆之前给人的印象。他善于关注他人，很容易与沟通对象产生连接，是一个非常典型的"人际导向型"管理者。

刘刚从中国科技大学研究生毕业以后，就进入了国际快消品公司——广州宝洁，一干就是十年，他在宝洁期间不仅打下了非常好的职业基础，还成功晋升为负责生产和运营统筹管理的厂长。之后，为了持续保持高昂的工作激情以及跨行到食品行业，他主动跳出舒适圈，前后到两家知名的快消品企业达能和箭牌公司担任厂长和中国区供应链总监。在刘刚的整个职业生涯中，他一直坚守在供应链和生产管理这条主线上，不仅升华了自己的能力，还激励了他人，并打造出超强的团队，创造出辉煌的业绩，在中国食品生产领域成为炙手可热的、具有行业影响力的职业精英！

如今，刘刚迎合时代的发展，与志同道合的几位朋友联合创立了中国糖果市场的民族品牌 KisKis，在糖果行业里大幅提升了民族品牌的地位。当我采访刘刚的时候，他还特意带来几盒糖，对我说起这个糖的特点和别致的外包装，神采飞扬，他的眼里透着成功创业者特有的光芒。

能吃苦，会沟通

1992 年从中国科技大学研究生毕业的刘刚，作为管培生被招进了有"职业经理人黄埔军校"之称的广州宝洁，还真就在"黄埔工厂"（宝洁在中国的第一座工厂）开启了职业生涯。当时的宝洁黄埔工厂有不少来自宝洁全球各地有经验的管理人员，这给刘刚这些新来的管培生营造了一个非常好的学习环境。但是，管培生也必须从最辛苦的生产线上倒班开始。

很多与刘刚一起进来的管培生都吃不了倒班的苦，陆续离开了。而刘刚却想：万事开头难，在基层锻炼才能学到扎实的做事方法，只要学到了技能将来肯定有用！他咬牙坚持了两年的倒班生活。

在这两年期间，在别人看来非常艰苦的工厂工作，刘刚却能不断调整心态，使自己尽可能快速地适应工厂的环境。他不仅喜欢琢磨流水线的流程细节，还能与周围的技术人员和工人们打成一片，主动请教和讨论问题。积极走近他人、学习他人的刘刚，在第一年工作结束时，凭借工作踏实、聪明活泼、人缘好，得到了上级和老师傅们的一致夸奖，还被破格提拔为班组长，开始带领一个 20 多人的作业小组。与同龄人相比，他更早地走上了管理岗位。

不过，初出茅庐的刘刚面临两大难题：一是在他需要管理的 20 个组员中，半数以上人员的年龄比他大，这些人虽然觉得刘刚年轻有为，但骨子里还没有真正接受他这位"小领导"；二是身为班组长，刘刚有些问题需要直接汇报给外籍的技术管理人员，刘刚口语水平不高，不太敢直接开口说英语。这两大难题给刘刚带来不小的沟通问题。不过，向来不服输的刘刚默默采取了行动。

第一，对待比自己年龄大的组员，要更加虚心、主动地与他们沟通，尊重他们一线的工作技能，若发现问题，尽可能用建议的方式而不是命令的方式。

第二，采用正面突破法，积极回应外籍管理者提出的问题，同时主动创造机会找外籍管理者聊天沟通，反复锻炼英语口语表达能力。

起初，刘刚也有与下属员工发生意见冲突的时候，可刘刚总是耐心地管理好自己的情绪，尽可能圆润地解决矛盾和问题，就这样逐步得到了"大下属"们的认可。另外，在与外籍管理者的沟通中也发生过不少对方听不懂或理解偏差的事情，但刘刚每次都不躲避，说了再说，一句不行就两句，两句不行就三句，再不行就手脚并用！

经过近 2 年的努力，刘刚不仅得到了全体组员的认可，还突破了英语沟通障碍，能够游刃有余地做到"向上管理"

和"向下管理"，再一次得到晋升，成为管理 80 多人的生产部长！

提升领导力，成为"关注人"的厂长

晋升到生产部长的刘刚，又被棘手的问题困住了：队伍大了，不好带了！之前只有 20 多人的一个小组，现在是由几个班组组成的 80 多人的大部门，没办法用以往的"贴心沟通法"来管理。刘刚第一次感到自己面临着职场压力和困惑，若不快速找到方法来提升团队领导力的话，则无法很好地胜任生产部长这个职位。于是，他购买了领导力方面的图书认真阅读，还主动申请参加公司组织的领导力提升训练班。

刘刚把自己学来的管理理念在工作中反复练习、验证，锤炼了自己的团队管理的能力和人才培育的能力。经过这段努力和实践，刘刚不仅突破了职场瓶颈，还从原来更多地"关注事"变成了更多地"关注人"，带领团队高效地完成了生产任务，为宝洁黄埔工厂的快速发展立下了汗马功劳！

1997 年的夏季，在广州宝洁黄埔工厂工作快满 5 年的刘刚接到喜讯，他将被派到宝洁天津西青工厂担任厂长，全面负责建立新工厂的任务，同时还将独立管理 200 多人的西青工厂洗发水生产和运营团队。这一次的变化，不仅是刘刚工作环境和职位层级的变化，更重要的是，他的工作职责由原来单一生产管理拓宽到生产和运营的联动管理。

突如其来的晋升给刘刚带来了惊喜，也同样带来了不小的挑战：当时，新工厂都是新人，工人是新招的，管理人员也基本都是从管理培训生开始培养的，这些人都很年轻，平均年龄不到 30 岁。不过，已经有了几年团队管理经验的刘刚相信自己肯定能把这支年轻的队伍训练成高绩效团队！他先静下心来分析这些年轻下属们的特征：首先，这些下属是经过宝洁公司筛选进来的员工，智商和基本素养不差；这些年轻人富有激情和活力；他们需要高度的认可和快速的成长。

于是，刘刚迅速开始营造"三多"的人才加速培养环境：多提问，鼓励大家有问题就提，不要怕不懂；多思考，鼓励大家深度思考，培养批判性思维的能力；多讨论，鼓励大家在思考的基础上相互交流、分享、碰撞、学习。

半年后，"三多"的效果渐渐体现出来了，这些新人在工作中逐渐展现出自信，工作开展有序；一年后，这些人个个都像老员工一样游刃有余，同时还保留着新员工的工作热情，常常会提出一些改进流程和提高效率的点子。整个新厂不仅高效运转，而且充满了活力，刘刚的领导情商发挥到了极致，在宝洁中国地区诸多工厂的厂长中，成为不多见的"关注人"的厂长！

自我对话，挑战自我

2002 年，刘刚在宝洁工作已满十年。十年，是每个职场人的一个里程碑，也是面临最大职场发展瓶颈期的"问题时期"，大家都会在这个时候重新评估一下自己的职业旅程，做下一个十年规划。

刘刚开始重新审视自己的工作状态，发现现在的他与三年前、五年前相比，工作热情在逐步减退，那是因为工作挑战和刺激在逐步下降：同事们上上下下都认识，工作环境左左右右都熟悉，就连工作中遇到的各种问题也都在预料之中。刘刚想：自己对宝洁的生产和供应链体系已经很熟悉了，是不是应该在宝洁内部换个跑道，去尝试一下其他类型的工作？是不是应该看看外面的世界了？这时候的刘刚认真地做了一次自我对话，清晰地听到了自己内心的声音：首先，自己最喜欢和擅长的还是生产和供应链领域，而且在宝洁积累的经验也是一笔很大的职场财富；第二，尽管他对宝洁有很深的感情，但是宝洁的生产供应链体系已经很成熟了，各个工厂大同小异，自主创新变革的空间相对较小，只能看外部的机会；第三，外部的机会只考虑跨国公司，最好是食品行业，暂时不考虑民营企业或国企。

经过一番深度自我对话和自我分析，刘刚立即行动，积极搜索各种信息来源，鼓足勇气往外迈了一步，选择加入达能饼干（中国）江门饼干厂并担任厂长，果断走出了舒适圈，开启了挑战自我的新旅程！

空降，漂亮地活下来

空降到达能，对刘刚来说是一个前所未有的挑战！当时达能的那个厂长的职位一直没找到合适的人，空缺了半年时间，工厂的整体业绩不好，员工的士气非常低落。但是，走马上任的刘刚想：既然选择来了，就要活下来，而且要活得漂亮！

空降初期，急于做出业绩的刘刚无意间犯了与很多空降兵一样的通病，差点让新的职业生涯梗阻于此。庆幸的是，有一天达能的人力资源部经理在不经意间善意地提醒他："不要老说在宝洁怎么样怎么样的。"听完这句话，刘刚顿时明白，他应该先快速了解和把握现有公司的文化和业务流程，而不应该沉浸在原来熟悉的工作模式中，更不应该草率地"烧火"，不然会招人反感和引起员工的逆反心理。

刘刚静下心来仔细观察和分析达能公司的文化和业务流程，发现很多有待改善和解决的问题。不过，可喜的是，内部运作流程相对灵活，有很大的自由发挥的空间！

达能江门饼干厂是法国达能集团和国有江门饼干厂合资后变更为独资的工厂，工厂约有 600 名员工。大部分员工都是以前国有江门饼干厂工作了十多年的老员工，很多固化的行为模式很难一时改变，急不得！刘刚调整工作节奏，停住"烧火"，每天在生产线上观察 2～3 个小时，参加各个部门会议，与各级管理人员和一线人员沟通了解情况。经过两个多月的摸底观察和了解，他找出了问题的根源，根源是每个部门的管理者倾向于本位主义、各自为政，彼此没有配合，跨部门沟通成本太高，导致整体的运营效率上不去。

刘刚决定首先消除部门壁垒，打造出高效、和谐的核心管理团队。他采取的措施是带领核心管理团队举办一场"目标管理"研讨会。通过研讨会让大家清晰地认识到工厂的总体目标和关键举措，并基于工厂的总目标让大家制定出各自负责的部门要独立完成的目标和关联部门要共同完成的目标，然后鼓励每个部门本着"我需要什么帮助"以及"我可以向其他部门提供什么帮助"的思路提出具体的行动计划。就这样，不仅管理者之间加深了对其他部门的目标和工作计划的了解，更意识到如果相互不给予支持配合会造成的严重后果，自然消除掉了部门间的矛盾，去掉了本位主义。

在那之后，大家看刘刚的目光也随即发生了很大的变化，多数管理者们原本两手抱胸"看空降的你，会怎么着儿"的挑剔眼神变为"新头儿，确实有招儿"的敬佩目光。这下，刘刚内心也松了一口气，感觉空降的自己不仅活下来了，还非常漂亮地活下来了！

洞察人心，挑战不可能

为了打造出能够协同作战的管理团队，刘刚开始主抓生产效率的提升。他发现，要想提升生产效率，首先要降低设备故障率。刚去工厂时，他发现设备的故障率竟然有 2%，于是就在管理会上宣布，一年之后故障率要降低到 0.4%（降幅 80%）。会后，维修团队的负责人找到刘刚，表示这个指标无法做到，并摆出理由：机器老坏是自然现象；维修部已经忙得不可开交，周末的时间也搭上了；降 80% 是不可能的！实际上刘刚很清楚，这个目标的确非常具有挑战性，但是不设这样的目标，没有办法刺激大家真正做出改变。另外，刘刚也知道维修经理为什么据理力争，主要是因为大家的奖金是以维修故障的机器数量来计算的，也就是说，维修的机器数量越多，大家拿的奖金也越多。所以维修部的人另有理由：若降低故障率，自然维修的机器数量少了，奖金也就少了。洞察到这层心理，刘刚与维修部承诺，即便降低了故障率，大家的奖金也不变，并协定大家在 6 个月内一起努力把故障率降低。大家知道了奖金不会变少，就开始主动找方案，由原来等到机器坏了就修、平时不上油也不清洁的局面转变为提前上油维护，确保机器始终处于最佳状态。同时，刘刚不断鼓励大家整理技术数据，进行相关分析，初步建立了预防性维修的管理体系。

经过大家 6 个月的齐心协力，故障率轻轻松松地降到了 1.2%（降幅为 40%），维修部同事们的日子轻松了，大家受到了很大的鼓舞，刘刚特意给大家开了个小型庆功会，进一步激励大家！

又过了半年，故障率果真降到了 0.5%，接近了极限目标。这个数据，刘刚已经非常满意了，通过这件事情，他不仅降低了故障率，更重要的是，他改变了团队做事的观念，激发了大家的挑战精神！

工厂设备故障率降低自然提升了生产效率，生产效率提升了，工厂的业绩也就提升了。业绩好了，员工们的士气高涨，整个工厂的运营进入良性循环，刘刚又一次创造了佳绩！

凭着大家有目共睹的业绩，刘刚在加入达能后仅用 1 年半就直接晋升为达能中国区供应链部门总监，同时负责 3 个大工厂的运营，他又一次得到了能够凸显他超强协调能力的最佳机会！

激发员工潜能，共创无停机时长新纪录

2009 年年底，在达能成功晋升为中国地区供应链总负责人的刘刚，为了了解食品行业的另一个垂直领域——糖业，经过一段时间的深思熟虑，他决定加入箭牌糖果，担任箭牌全球最大工厂——上海工厂的厂长。

对于这次空降，刘刚就驾轻就熟许多了，知道如何尽快了解和适应新公司的文化。但毕竟是进入新环境的核心岗位，刘刚需要尽快处理棘手问题！

当时箭牌公司正在推行全面生产维修（TPM），虽说箭牌上海工厂是全球规模最大的工厂，可生产效率却是倒数的，只排到75名左右，一个月的小停机就有2500多次。如果能把效率指标提升到85，那么小停机的次数就能降低一半。

恰逢年底做次年预算，年轻气盛的生产经理信心满满地对刘刚说，他有信心把效率预算定为88！刘刚知道这个生产经理不仅有能力，还富有挑战精神，若能激发一下他，他肯定能做得更好。于是，刘刚微笑着对生产经理说："装配这条生产线所需的成本高达400多万美元，最基本的生产效率理应为90。还有，日本一家跟咱们同样的生产线，能做到只有中控室有人，生产线上几乎没人，是关着灯的（注：因为运行顺畅，生产线上没人，所以都是关着灯的）。看看大家能否挑战一下，达到至少关灯一个小时的水平。"刘刚的这一捎带刺激性的激励方法果然有效。大家积极主动地找解决方案，去尝试，再完善，尽可能地延长生产线的关灯时长。

另外，刘刚经常与团队分享自己信奉的几个座右铭：与组织目标同频（Common Objective），事在人为，我能行（Can Do Attitude），消极的事儿要用积极的方式思考或沟通（Think/Say negative things in a positive way），要重视结果，更要重视如何实现结果（I care about results, but I care more about how you deliver results）。

最终，在刘刚的引导和激励下，工厂的生产效率有了大幅提升，还创造了最长 9 个小时关灯无停机的新纪录！

心怀梦想，实现自我

在三大知名国际品牌公司工作长达 18 年的刘刚，已经是快消行业生产和供应链管理领域很有名气的职业经理人了！刘刚在这个领域已经达到职业生涯的巅峰状态了，但他并没有放弃追求，仍然在思考自己的未来还能怎样发展。正好那时，他跟箭牌的几个好哥们儿聊天，大家说起来：中国糖果市场里怎么就不能有咱们中国制造的优质品牌呢？几个好哥们儿说得热血沸腾，于是一拍即合，在 2014 年 6 月，带着"打造糖果民族品牌，做最好的中国糖果公司"的梦想，刘刚鼓足勇气走上了创业之路。

刘刚创业后的产品是委托给一家民营企业代加工生产的，但原料、包材和成品的各种标准由创业团队确定。民营企业工厂的软硬件水平与刘刚以前就职的几家名气响当当的 500 强企业比起来，差距可想而知，然而刘刚却用另一个坐标系来看待民营企业。他认为，外企发展了那么多年，而这家民营企业能在这么短的时间里发展成现在的样子，是很不容易且很值得敬佣的！所以，刘刚在把控创业产品生产品质的同时，还利用自己的专业优势和经验，对这家企业的生产运作提出了很多想法和建议。这家民营企业的老板认为刘刚不仅有能力，而且能真心帮助他们，所以非常信任刘刚，还邀请他担任企业的生产运营总顾问。

刘刚不仅与代加工企业合作得越来越紧密，而且之前合作过的原材料供应商、设备供应商，还有同事、朋友都纷纷主动为他提供帮助，助推创业公司少走弯路，早日走上正轨。

经过4年多的努力，刘刚创业团队创立的KisKis品牌薄荷糖、口香糖给中国的糖果市场带来了时尚和清新，成为年轻人喜爱的民族品牌，还拿到了中国糖果行业的第一个红点设计大奖！

———— 还原精彩对话 ————

王少晖：回顾一下，哪个阶段的经历对你的职业发展帮助最大？

刘　刚：对我影响最大的有两段经历。一段是刚进宝洁做管培生，那时我们管培生进公司的前两年要倒班，确实非常辛苦，不少小伙伴中途离开了，但是我坚持下来了。这让我有机会发现并明确自己的职业定位，而且拥有了宝贵的生产一线的工作经历，为我后面的发展打下了坚实的基础，这段经历培养了我的定力。还有一段经历是离开宝洁去达能当"空降兵"的经历，让我学会了如何融入一个新环境，如何接纳不同、凝聚团队。这段经历教会了我如何面对和管理变化，从那以后，我不再惧怕改变。

王少晖：你觉得你心中一直有一条主线引领你前行吗？那条主线是什么？

刘　刚：我觉得应该是对工作的激情和自我突破的意识吧。每当我感受到工作没有挑战了，我的工作热情开始下降，甚至倦怠的时候，我都有一种危机感，会重新做个评估，重新找到让自己兴奋的角色定位，找回我的能量和价值。

王少晖：你在哪个阶段明显碰到瓶颈？当时你是如何突破的？

刘　刚：当我在宝洁工作满十年的时候，的确遭遇了很大的瓶颈。宝洁的生产供应链体系非常成熟，各个工厂都大同小异，那时我对工作内容和工作环境已经相当熟悉了，即便再往上走，也只是多管几个工厂而已，所以我感受不到每天被工作召唤的那种激情了，有点温水煮青蛙的感觉。当时我也想过，是不是应该在宝洁内部换个跑道，去尝试一下其他类型的工作？但是我很快就否定了这个想法，因为我最喜欢和擅长的还是生产和供应链管理。虽然之前从没想过要离开宝洁，但是经过仔细的自我评估，觉得还是应该到外面找找机会，挑战一下自己。所以我最终选择跳出舒适圈，去达能当厂长。过去以后，新环境有一堆问题等着我去解决，我反而精神抖擞，找回了当年那种激情工作的状态。而且自从这次经历以后，我不再畏惧变化。

王少晖：你在外资快消品行业生产供应链这个领域一直是高端猎头紧盯的对象，不论在哪个企业，你都能做得很出色，你觉得成功的秘诀是什么？

刘　刚：谈不上成功秘诀，我只是分享一下体会。我觉得首先要非常热爱和享受自己的工作，那样工作起来才能全身心投入，才能不满足于达成目标并去超越目标。其次，就是要重视并发挥人际影响力，所在的组织越大，职位越高，这一点就越重要。

王少晖：我见过不少生产管理条线或专业技术背景的人，很多都是只关注"事儿"不太关注"人"，你跟他们很不一样，你是怎么想的？

刘　刚：这些年的职场经历告诉我，解"事儿"先要解"人心"，不论是跟上级、同僚还是下级。例如，跟上级的沟通，有些人可能觉得上级不来找我，就证明没啥事儿，那我也不去找他。我一般不管上级来不来找我，都会定期主动地找上级沟通交流，这样做的好处就在于，上级可以及时了解我的工作进度和想法，可以随时调整方向、解决问题。

跟其他部门的沟通也一样，有问题及时沟通，有条件就尽量当面沟通，我觉得没有什么问题是不可以通过沟通解决的。时间长了，信任关系就建立起来了，工作也就越干越顺了。越往上走，内部的沟通协调越重要。

跟下属团队更是这样，就是要用各种沟通方法把大家的心凝聚在一起。再聪明的一群人凑在一起，如果人心不齐，各自为政，团队业绩也好不到哪儿去。团队目标一致了，加上良好的组织氛围和公平的薪酬机制，个人和团队的潜能就会充分释放，优秀的业绩就是顺理成章的事情。小成功靠个人，大成功靠团队。

王少晖： 其实大家都知道要凝聚团队，要调动人员积极性，但其实做"人"的工作是一件费时费力的事情，我想这也许是很多技术背景的管理者最终没有知行合一的原因，在这一点上你有什么经验可以分享吗？

刘　刚： 我觉得首先还是一个理念问题，管理者要尽量克制自己的成就欲，而让员工有成就感。记得有一次，一名员工碰到问题来找我，想从我这里找到答案。我跟他说，我愿意跟他坐下来一起分析，看他能找到怎样的解决方案。

我耐心听完他对问题的描述，然后用问问题的方式一步
步牵引他思考并找到答案，我们足足花了一个小时。离
开时，我问他是谁找到了解决方案，他开心又自信地说：
"我自己找到的！当然，是在你的启发下。"如果我当时
直接告诉他方法和答案可能只需要十分钟，但我多花的
时间让他找到了思路和方法，更重要的是，提升了他的
自信心。我的体会是，培养人是一件很费时间和精力的事，
但是这件事是必须做也值得去做的一件事。在平常的工
作中也是这样，团队里如果遇到问题，我当然可以直接
说出自己的想法，下达指令，但如果不是特别紧急的事，
我通常都会让相关人员一起来找问题、找路径、找方法，
这样看上去沟通成本提高了，但是因为大家都想明白了，
所以执行效率非常高。

王少晖：你在生产供应链这个领域顺风顺水，一直做下去会很
　　　　舒服，为什么几年前选择了创业？

刘　刚：我的下一个目标应该就是亚太区的职位，当时公司也已
　　　　经把我放到名单里了。机缘巧合是，我跟以前在箭牌的
　　　　几个哥们儿聚会的时候，大家都有创业的冲动和想法，
　　　　我们几个的背景还特别互补，有销售、市场、供应链，
　　　　所以一拍即合，就选择出来创业！对我而言，去亚太区
　　　　的职位的确能到达职业生涯的另一个高度，但跟创业比

起来，好像少了一个精彩的体验。只要有机会，我还是要尝试一下没有做过的事情，不是有句话这样说么："人到死的时候，不会为做错什么而后悔，而是会为没有做什么而后悔。"我就是想尝试一下，不让自己后悔。

王少晖：你做职业经理人很成功，而目前也正在创业的路上，以你个人的亲身经历来看，你觉得哪种人适合做打工贵族、创业者、自由职业者？

刘　刚：自由职业者，喜欢自由自在的环境，他需要在某个专项领域有极强的技能，例如，摄影、写作、财务，等等。能做好打工贵族的人要具备很强的职业意识、职业素养和适应性，重要的是在一个组织环境中学会上下沟通。打工贵族可能不喜欢太动荡和具有不确定性的环境，不喜欢冒险，而这恰恰是创业者需要经常面临的境况。创业者除了要具备很强的综合能力和决断力，更重要的是，内心富有激情，对高风险、高压力和不确定性有很强的承受力，还要有百折不挠的坚韧毅力。回头看这几年，我真心感受到创业的艰辛。创业和我过去 20 多年当职业经理人在角色、心态、压力等方面的体验是完全不同的。职业经理人追求的是能力提升、工作成就、职业发展、个人收入的提高，创业更多考虑的是企业的生存和发展。职业经理人在公司遇

153

到问题或者个人发展遭遇瓶颈时，可以有更多的选择，只要专业对口，很容易"下车之后再上另外一辆车"，而创业的人是无法下车的，开公司容易，关公司难，除非这辆车再也无法开了。在创业这几年，我们也碰到过很多次关乎企业生存的挑战，在这些时候感受的压力和做职业经理人时的压力是完全不一样的。

王少晖：最后，请给想转型、突破瓶颈的职场朋友提点建议吧！

刘　刚：我给几点建议吧：一是要尽早找准自己的职业方向，然后保持职业定力，沉淀和积累的时间长了，你肯定是这个领域的"大拿"；二是工作激情很重要，有了工作激情，成绩和利益都是顺理成章的事情；三是要重视人际沟通和情商修炼，这是很多专业人士发展道路上的障碍，要有意识地进行自我突破，只有拥有了高智商、高情商，才能让自己的职业发展加速。

――――――――――― **职场攻略** ―――――――――――

刘刚是优秀的职业化"厂长人才"，如今这类人才在市场上可谓炙手可热。尤其是很多快速成长起来的民营企业，急需刘刚这样在领先的制造企业有过管理运营经验的高级管理人才，帮助他们把先进公司的管理理念和体系引进来，所以会开出很优厚的薪酬福利条件来吸引这类人才。然而，这类人才在市场上却一直很稀缺，所以也进一步推高了人才的市场价值。

那么，如何才能成为一名优秀的"厂长人才"？

一、要准确认知"厂长人才"的职业发展路径

图1所示的是生产部员工职业发展路径。

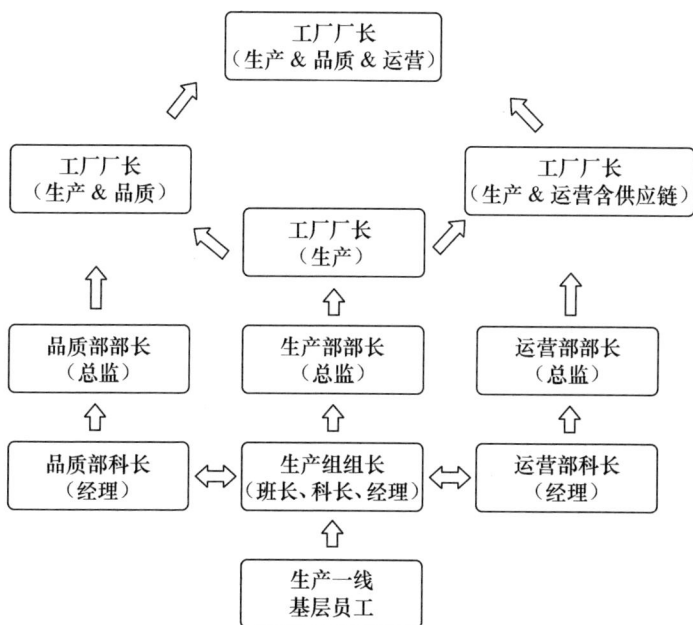

图1　生产部员工职业发展路径

★注：职位名称在不同企业有所不同

从图 1 中可以看到，工厂厂长也有不同的职责范围，若能发展为全面管理的厂长人才，需要经历 10～15 年。

通常，大学毕业后进入制造企业，从一线的基层员工起步，需要经过 2～3 年方可提拔为生产组长，再积累 3～5 年的工作经验，可晋升为生产部长，管理几个生产小组，或几个不同产品的生产线。

不过，从生产组长（班长）发展到生产部长的这个阶段是职场人普遍面临的职场瓶颈，如果部长职位已经有人，就可以考虑先横向转岗到品质部或运营部，之后再到工厂厂长的职位。

刘刚的整个职业生涯的每个阶段都很顺利，进入宝洁广州工厂刚满一年就提拔为生产组长，满两年时晋升为生产部长。

无论是晋升为生产部长，还是工厂厂长，比拼的不只是你的工作技能，起决定性作用的是你的职场情商。

二、要不断提升情商力

在刘刚的发展历程中，无论是他年轻时就能很快地脱颖而出，还是后来他在不同企业平台间游刃有余地进行切换，有一样东西起到至关重要的作用，让他有别于其他技术背景的人，这就是情商。一般而言，技术或工程背景出身的"理工男"多数都比较关注自己的专业技术，而极少关注人际沟通能力和情商的管理能力，这也是他们从专业角色逐步转变为管理角色时面临的最大挑战，也是继续往上走的"拦路虎"。所以，理工科背景的人才要特别重视情商修炼，提升情商力，这会让你在一群工作业绩同水平的专业人员中脱颖而出，绝对是发展的加速器。

那么，如何提升情商力呢？

丹尼尔·戈尔曼（Daniel Goleman）给情商的定义：一种识别自我和他人感受、自我激励、管理自我情感及管理人际关系的能力。从自己—他人，意识—行为两个维度，可以把情商分成 4 个层次：自我意识、自我管理和自我激励、社会意识，以及人际关系管理，如图 2 所示。情商修炼也正是从这 4 个渐进层次展开的。

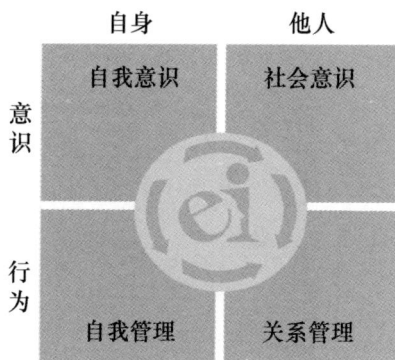

图 2　情商的 4 个层次

1. 首先要主动培养自我意识

自我意识就是要了解我们的情感和情绪是如何影响到我们的行为表现的。调研显示：缺乏自我意识的人基本上很少能有效管理自我，同时也在很大概率上缺乏社会意识。所以，自我意识是情商修炼的第一步，也是最重要的一步。

培养自我意识的具体做法包括：平时可以有意识地洞察自己的情绪，尝试理解情绪背后的深层原因，知道自己的情感会如何影响你周围的环境；同时，也要了解什么样的触发因素会导致自己产生怎样的情绪反应，还要能够识别出自己的不同感受。经过一段时间有意识的自省，自己可以有效控制情绪，有效进行自我评估和自我管理，为处理好人际关系打下坚实基础。

2. 学会自我管理和自我激励

职场上的自我管理首先反映在能够进行自我评估，找到发展方向。刚刚步入职场的人，很难准确地了解自己想要什么，不过还是要尽量在职业早期就进行自我审视和评估，是不是真的喜欢？是不是真的适合？一旦评估并确定在这条路上发展，就要管理自我，再艰苦也要坚持。

在职场发展的过程中，我们难免会遇到瓶颈、难题，尤其是步入新的工作环境或刚刚就任新的职位时，一定要相信自己的能力，不断激励自己，以积极的心态面对问题、解决问题，而不是因困难的羁绊而退缩。

3. 培养对人的关注，建立协作关系

培养自己对他人的关注和耐心，倾听他人的想法，觉察他人的感受，理解他人行为背后的原因，进而洞察人心……这些都是处理人际冲突、形成良好人际关系，进而做一个高绩效管理者的基础。从刘刚在 3 家不同公司工作的经历来看，虽然行业不同，公司文化和风格也各不相同，但他仍然能在短时间内立足，还能创造出不菲的业绩，主要原因就在于他对人的关注，不仅"解事"，而且"解心"。

我见过不少专业人员都是"万事不求人"的类型，一般不会寻求别人的帮助，也极少主动帮助他人。这样只能把自己和他人的距离越拉越远，无法与别人建立正式或非正式的协作关系。这种类型的人就算被提拔为管理者，也极少与其他部门协作，那么再想往上发展就很难了。刘刚在成为"空降兵"后，主动联络各部门，上下组织成员，互通信息，给有工作界面的部门和人提供帮助，这让他在很短的时间内就顺利融入了新环境。

第一，学会向上管理。

很多理工背景出身的人都喜欢埋头做事儿，不太喜欢主动跟上级沟通和来往。他们认为：我把工作做好了，上级自然会看到，没必要汇报；或者等我全部做完了汇报一次就行了；还有人认为跟上级沟通汇报是在"拍马屁"。而一旦上级看不到自己的努力和成绩，又觉得愤愤不平。其实，要把与上级的日

常沟通汇报当作工作的重要组成部分，这样不仅能让上级了解你的工作进度和你的想法，寻求支持和资源帮助，还可能帮助或改变上级的一些想法和做法，让你的工作更有成效。当然，与上级的沟通要掌握技巧，简单地说，就是主动及时，信息准确，根据上级的风格和工作内容掌握频率和方式。时间久了，你与上级会形成信任和默契，工作自然事半功倍。

第二，促进下属成长。

不少优秀的专业人员特别喜欢跟他人在专业上"比武""较劲儿"。而这一点往往是他们成为管理者后的最大障碍之一。优秀的管理者一定要把创造团队业绩而非自己的个人业绩作为目标。他们能够觉察下属的发展需要，并用授权、引导、激励、支持的方式，促进下属基于自己的思考做出行为改变，进而提升能力，增强信心。刘刚就是一个很好的例子，与一般人心目中的"工厂厂长都比较严厉，喜欢用指令去领导下属"不同，他总能用各种方式促进下属自己思考，设定目标，并找到实现目标的方法。

第三，激发团队能量。

作为管理者，不仅要激励员工个体，还要打造一个有凝聚力的团队。一个高效团队最重要的是有共同目标和能形成合力的成员，同时实现这两点的最佳做法是引导团队成员开展愿景研讨，让他们都能够融入团队的发展目标和发展进程，这样在执行的时候才能有强烈的自驱力。刘刚从来不会在闷头做出一套规划后布置工作，而是带领团队找到大家真心认同的共同目标，建立起团队成员互相支持合作的工作氛围，最大限度地激发团队能量来创造佳绩。

由此来看，在职场，若想及时突破职场瓶颈，情商力是不可或缺的竞争力！

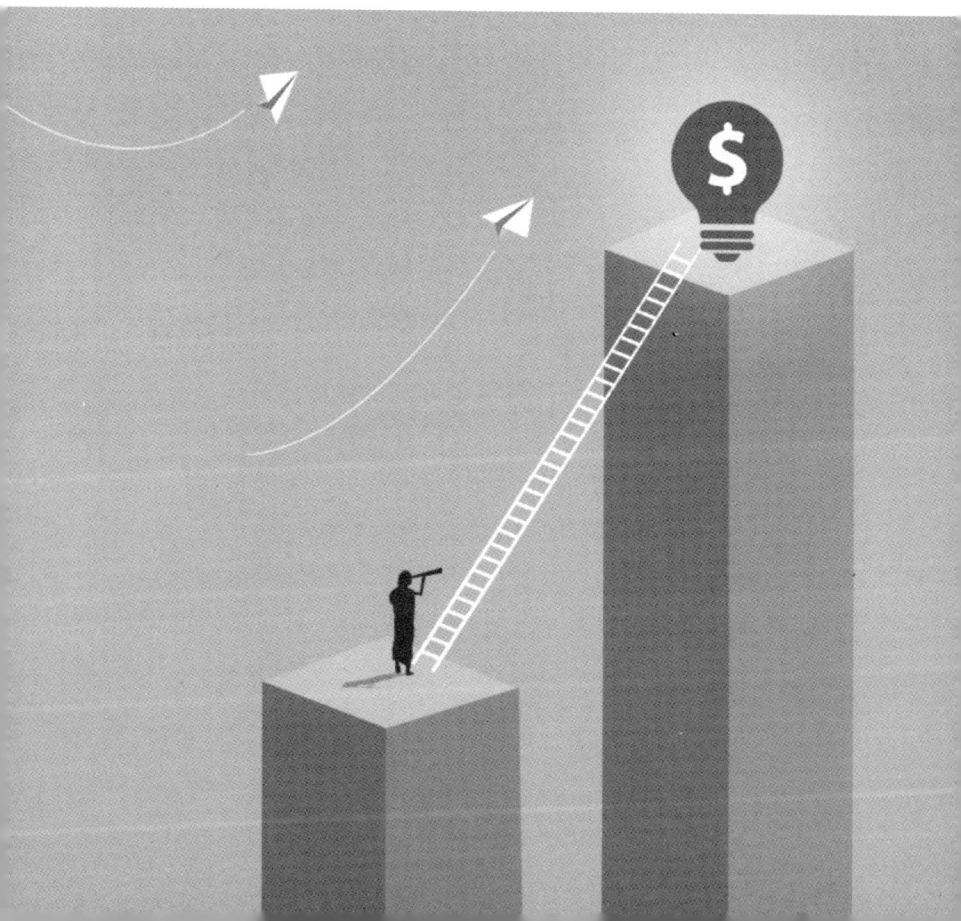

全心投入，超强行动力，
成就企业梦想

杜云华，年仅 30 岁就在国内领先的通信集团下属公司做到中高层，之后在留学教育机构澳际集团担任人力资源总监（HRD），再之后任职 B2B 旅游互联网公司人力资源副总裁（HRVP）。原本可以平稳行走在职业经理人这条路上的云华并不甘心做"打工贵族"，2017 年年底，她追寻自己的梦想，创立了上海世智人力资源有限公司——帮助中国企业走出国门，提供人力资源"一站式"落地整合服务，并担任首席执行官（CEO）。

云华在我心中是敢想敢拼的花木兰形象。我认识云华的时候，她还在教育集团稳稳地做着人力资源总监。几年后，她已经听从内心的召唤，跳出职场舒适圈走上创业之路。

目前，企业被收购后，资本对职业经理人的放逐，外资企业对中国本土高管的限制，百万年薪的职业经理人在企业遭遇的无形天花板，促成近年来业内不少职业经理人的转型。

人力资源职业经理人也是如此。从各大公司招聘 HRD 的年龄要求来看，超过 40 岁的 HRD 找工作确实不易，不难看出，HR 同样面临着中年危机，很多人不得不考虑职业转型这条路。特别是做到 HRD 或 HRVP 职位的，升职机会更加渺茫。数据表明，企业 CEO 大部分是从销售、技术、财务等领域产生的，HR 转型企业 CEO 的案例少之又少，这也就意味着 HRD 或 HRVP 的晋升通道变窄，大部分人只能寻求其他出路。

很多人力资源职业经理人离开职场转型去做培训师、高管教练或独立顾问，也有一些人选择去创业。云华是从职业经理人转型为创业者的一员，她的公司做得风生水起，因而她的成长和转型故事就格外吸引我。

我希望通过解读杜云华的成长故事，给职场上做到人力资源中高管且有创业梦想的朋友带来一些转型借鉴。

央企里快速成长，找到职业方向

作为北京交通大学管理科学与工程专业研究生的工科女，杜云华 1999 年毕业后顺利地进入了大型央企——烽火集团公司。烽火当时在光纤和微电子研究领域非常有名。专业方向主攻财务和生产管理的云华，虽然从事的人力资源工作与她的财务背景并不对口，但她依然非常认真地潜心学习这个新的专业。

云华加入公司没多久，就赶上公司准备上市。当时的工作量用 4 个字概括，就是"没日没夜"。由于她的勤奋好学和努力进取，她很快就被提升为能力发展和绩效经理。之后，公司在北京准备做 3G 业务，她又申请进入这个项目组成立的创新公司，帮助新公司在北京招兵买马、开疆拓土，她很快就获得了烽火集团下属公司北方烽火公司行政人事负责人的职位。

2003 年正值"非典"，别人都恨不得待在公司甚至宅在家

165

里闭门不出，她却领了一个招聘的任务，带着业务负责人四处出差去招人。那次她一共猎到十多位顶尖人才，而这十多位人才有的至今还留在北方烽火担任重要的职位。

这些敢想敢拼的业绩令云华不到 30 岁就做到子公司中高层。万人规模的集团公司，只有 300 人可以获得持股计划，云华就是其中一员。也正是在这家公司，云华找到了自己的职业发展方向——人力资源管理。

这段央企的工作经历持续了近七年。后来烽火转型做移动业务，北京的合资公司成立后进行分拆，云华看到了自己在新公司的发展瓶颈，开始思考如何突破。最终她决定换一家不同于央企管理风格的企业。

在"外企"开始接触海外运营管理

云华来到一家外企管理风格的高科技民营企业担任人力资源总监。在这家具有外企风格的民营企业中，云华从进入公司时的 100 余人做到后来的近 2000 人。从搭建团队、招兵买马，到帮助老板做 ISO9001 认证、建立行业人才库，协助公司从爱立信、诺基亚这样的外资公司客户群扩展到华为、中兴等民营企业及第三方客户群，云华不仅担负着人力资源总监的职责，而且她还会跳出本职领域来挑战自己，尽力帮助公司开展业务运营，参与公司改制等大型项目。

也是在这家公司，云华开始负责东南亚等地区的 HR 运营管理，海内外人事行政团队一度扩张到 30 多人。在这里，不仅云华的眼界得到了开拓，更重要的是，在接触海外运营管理的过程中，她发现自己很喜欢做跨国业务。自此，一颗创业的种子在她心里悄然埋下。

亲自见证和参与这家高科技企业股份制改造、实施股权激励计划并申请上市，云华作为早期的管理团队成员，拿到了这家民营企业的期权，改制后转为股权。由于当时通信市场的大规模变动，民营企业开始并购外企，她开始思考：自己是应该坚守已经做了近 14 年的通信领域，还是应该转型尝试新的机会？对于公司给予的股权，她一方面感恩老板对自己的器重，另一方面也在思考如何实现职业和自我价值的深度融合。

云华当时已经有了小孩，她开始对教育领域产生兴趣。最终她决定从熟悉的通信行业转到教育行业，并选择了澳际教育集团人力资源总监的工作。

在民营企业中搭建各种体系

澳际教育是一家在全球有业务布局的民营国际教育集团公

司。云华欣赏她老板的事业抱负和教育使命感，对其中的跨国业务很感兴趣，因此她选择转行加入这家公司。

云华在任的三年期间，帮助老板搭建了适应集团发展的人力资源架构、政策体系和国际化的教学团队和人员管理体系，外籍教师、管理运营的员工在鼎盛时期达到 200 人。她还利用自己的财务背景和对业务的理解，以及前期积累的股权激励的知识和经验，帮助企业设计了符合当下互联网环境、教育行业人员管理特点的合伙人计划等众多管理项目。

这家公司已经稳步发展了近 26 年，盈利一直很好。但不久，云华敏锐地看到了互联网对各行各业包括教育领域的冲击，她意识到稳步发展多年的公司如果要转型互联网，是需要具有互联网经验的管理团队的，此时的传统行业人力资源管理已经不能激发她的工作热情。对自己要求较高的云华决定换平台进入新兴的互联网公司。

在互联网公司迎接更多的不确定性

云华加入了一家做 B2B 旅游的互联网公司。这家公司吸引云华的是，这里将会投资、并购许多小公司，她因此可以参与到投资管理中，而且是与她喜欢的风险投资挂钩的工作。在这家公司工作了一年的云华，深刻体验到互联网企业的快节奏。

在这里，她除了需要策划一系列方案来有效解决企业发展的人力资源管理问题，还要建设集团层面的企业大学，开展"由将到帅"的训练营，协助公司老板提升各个创新团队负责人的管理水平。

但后来随着业务的不断调整，她渐渐意识到这里其实不需要一个 HRVP，只要一个 HRD 就够了。她不能带给公司更多的价值，而自己的能力也不能尽情发挥。所以她选择离开，并留给自己一个职业空档期，开始思索自己事业的下一段旅程。

走上创业之路

出于个人兴趣和热心，云华已经开始义务帮助在一家全球派遣安置公司做跨文化高管教练的朋友，建立跨文化沟通交流微信群，并亲自负责社群运营管理。一年多的时间，她联合其他志同道合的创始人和业内专业人士，一共做了 20 多期公益性质的外籍管理、海外人力资源管理及跨文化相关的线上培训、线下活动。

因为云华在第二家公司开始全面梳理以东南亚为主的海外 HR 运营，建立总部和海外统一的国际化 HR 体系，在澳际也管理多个国家的外籍团队，她深知自己对国际化、跨国类话题非常感兴趣，所以当朋友请她帮忙建立和运营与外籍及海外相关的跨文化沟通平台时，她毫不犹豫地答应下来。一段时间之后，虽然她的朋友还在独立地做资深跨文化教练，云华却萌生了自己继续做这项业务的念头。

云华之所以能长期坚持做社群运营，最终把它发展成自己的创业项目并创建公司，一方面靠的是勇气，另一方面靠的是由衷的喜欢。

当上海一位知名劳动法律事务所创始人向云华提议，一起联合其他与出海相关的专业服务机构，创立海外人力资源服务平台的时候，当时的云华还没放弃继续做 3～5 年 HRVP 的计划。但她心中那股不安定的因素和一直希望自己有所作为的冲动，在经由别人轻轻撩拨心弦之后，就突然涌现出来。

世智人力的业务是帮助中资企业出海，涉及海外很多不同的国家或地区，云华每天都需要与不同时区的合作伙伴或外部顾问沟通交流，而且要与分布在全国各大城市的客户见面讨论解决方案，时不时她还要去其他国家谈业务或执行项目，基本处于流动的办公状态中。她每天的工作关键词：跨时区，跨地域，不是在出差的路上，就是准备出差。除了睡觉时间，脑子都围绕着工作在运转。即便创业令云华如此奔波辛苦，但事业的蒸蒸日上却令云华充满生机。

云华的创业之路刚开始不久，在这个过程中她肯定有过动摇和自我质疑、自我否定，偶尔也有瞬间进入死胡同的感觉。

幸运的是，基于她在创业之初已经培养的良好心态，还有不断刷新自我的能量复原能力，不断挑战又能找到自我的更好状态，云华在创业路上一直稳稳地前行着。

云华这段人力资源职业经理人转型创业者的经历，充分展现了她的本色——敢想敢拼，喜欢在变化中磨砺并成就自己。未来，她在创业之路上遇到的困难和挑战只会更多、更复杂，但我相信云华会一如既往地在她的创业梦想之路上努力前行。

—————— 采访对话精彩还原 ——————

肖　维：在你的职场之旅中，是否有一条主线引领你前行？

杜云华：在我的职业打拼期间和离开职场之后的短暂职业空档期，学习一直是我从未间断的主线。无论是在怀孕期间攻读上海交大和美国宾夕法尼亚的国际 HRD 认证，还是早年学习的美国认证的 HR IPMA、美国的 GCDF 职业生涯规划认证和埃里克森的 BCC 教练认证，我都毫不犹豫地收入囊中。

肖　维：一路走来，职场中推动并支持你持续发展进步的关键因素是什么？

杜云华： **相信**，我一直怀抱希望，追求进步，而且我相信一切皆有可能。

坚持，是我的做事原则，我做任何事必须做出业绩才肯罢休。例如，我在前两家公司工作时，都经历了公司改制上市的准备，以及上市前后的转型和变革项目，我会持续努力，看到参与项目的完整运作流程和执行周期，等到有了一个阶段性的结果，我才会考虑转向关注其他内、外部机会。

均衡，我拥有较好的外部支持系统，除了家人，还有朋友和同事的鼎力帮助。无论是我自己身体出现状况，还是我母亲在上海病危住院的时候，我都能得到家人、公司领导、同事朋友的帮助，让我可以兼顾事业和生活，不用放弃工作。

肖　维： 你人生中遭遇的低谷是哪个阶段？是否有过情绪低落或抑郁的状况？你是如何走出来的？

杜云华： "低谷"我理解为"不如意的时候"，相信每个人都有这样的阶段。我觉得我有一些负能量的积累，例如，在教育行业和互联网行业高压力的工作环境下，我积攒了一些不良情绪，公司某些特殊时期相对集中的批量调整员工工作时曾带给我无力感，心理咨询师说我是入戏太深才会如此；当遇到孩子择校、母亲病危等家庭重大事件的时候，人是很容易情绪低落的。

面对困境和不如意，我是这样走出来的。

第一，接受现实，调整心态。 例如，工作中哪些是依靠个人力量不能做到的就尽量不去多想。例如，母亲生病，认真履行为人子女应该尽到的义务，不去多想自己无能为力的事情。

第二，我开始追寻信仰，勇于尝试接受心理咨询。

第三，拥有强有力的外部支持系统，寻找家人和朋友的帮助。

肖　维：你不到 30 岁就在职场中快速晋升到中高层，有什么感悟和职场朋友分享吗？

杜云华：年轻时快速升职的确让我的职业生涯发展迅猛。但有几个问题现在复盘来看，也需要引起职场朋友的关注。晋升后的你像是在高速列车上行驶，但你也要停下来冷静地问自己，这个工作是你真正想要的吗？我毕业的时候并不想做 HR，我更喜欢做投资、财务等方向的工作。可我在 HR 领域的快速发展让我一度没有精力对其他领域进行探索，阻碍了转型之路。

快速发展有可能给你带来更大的工作挑战，进而带来较强的精神压力，这些你是否有信心面对并克服？我在年轻的时候担任总监，因为不希望自己表现得比其他年长的总监差，因而也就更加努力，所以我在同事中有"拼命三娘"的绰号，身体也因此几次出现不健康的信号。这些心理方面的压力挑战也许不是每个晋升较快的职场人都能应对的。所以职场人需要特别注意如何化解精神压力。

快速晋升可能让你快速膨胀而缺少自我认知。举个实例，我之前有个同事，在组织缺少人才的时候，她30岁左右就被破格提升为部门总监。没被提升的时候，她为人谦逊，待人彬彬有礼。晋升总监之后，她仿佛换了一个人设，颐指气使，频频指点客户和同事，很多人每天都绕着她走。由于公司业务繁忙，老板除了业务，也不是很关心中层干部的发展，所以没人给她提点和指导。据说，她后来跳槽去的公司的领导因为她的性格并不重用她，她之后的职业发展并不像年轻时那样一帆风顺了。

如果你的职业生涯早年获得了快速晋升，除了恭喜你以外，还有几个锦囊送给你。

第一，如果有这样的好机会，你自认为有能力把握住就尽量去做，不要放弃。但要把握节奏，不要太急于求成。

第二，学会将压力转换成动力，心态转换是最重要的，不要因压力大而过于顾影自怜；同时，还要学习在压力下找寻自己的内、外部支持系统，如导师、同仁和帮手。

第三，如果你感觉到自己将要或已经承担了太大的压力，而现阶段没有能力可以承接或化解这些压力时，那就暂时放下这个机会并在下一次机会中启航吧，机会总是眷顾有准备头脑的人，等你认为自己具备应对压力的能力时再发力也不迟，不必过于强求自己。

肖　维：如果你有一次吃"后悔药"的机会，你想改写哪段职业经历？

杜云华：我想改写的是第二段工作经历。工作中我曾经跟老板的想法产生了冲突，但我不会沟通。那时的我已经带领 20 人的 HR 团队。老板认为我招聘工作做得最好，即便有团队，老板仍希望我亲自去招聘。当时我年轻气盛，认为职场中应该有自己的主见，所以就明确向老板表明我不会亲自去做。最终老板把招聘职能从我的部门拿走了，他其实并没有专业人士去帮他，我们两败俱伤。这件事情我当时处理得不好，我在第三段工作经历中改进了沟通方式。虽然坚持个性是很酷的，但是坚持个性不是解决问题的方法。如果可以重新来过，我会和老板充分沟通，尽量找到令双方都满意的方案。实在不行，我也可以先接受老板的提议，慢慢地影响他的决定。

我认为，即便你已经做到总监的位置，沟通方式和关系处理也不容忽视，这是每个职场人都要具备的能力。

肖　维：以你的观点，谁是适合做打工贵族／自由职业者／创业的人？这些人的区别在哪里？

杜云华：我认为人们适合做什么的主线是一个人承担风险的意愿。如果不希望承担太大的风险，希望在相对稳定的环境中把工作尽可能做得完美，这类人应该适合打工。

如果可以承担一些风险，时间管理能力较高，对自由的要求比较高，也拥有不同于常人的一技之长，这类人应该适合做自由职业者。

如果可以承担更大的风险，愿意担当责任，有梦想，有不屈不挠、坚持到底的决心和毅力，喜欢没事找事创造新事物，这类人应该选择创业。

肖　维：创业中你遇到的最大的挑战是什么？

杜云华：在创业这条路上，我认为我面临的最大的挑战还是自己——如何调整自己的心态，调整自己的思维，协调自己的身、心、脑，形成内部的整合，在每个环节上都能有一个适当的决策和能量模式，是保证创业能够逐步走向成功的关键。

在创业这件事情上，仁者见仁，往往是旁人觉得你与以往不同了，而我自己并没有给自己贴上"创业者"

的标签。我一直行走在路上，只是从一条路自然而然地踏上了另一条更有可能实现自身价值的路。所以，这样的一个过程其实更容易帮助我完成从原来的经理人到创业者的心态转换。

有了一个基本的心态，对于在创业路上顺利前行和坚守下去还是远远不够的。开始的时候，人人都有激情、有期待、有信心。慢慢走下去，你会发现，客户管理问题、业务模式问题、团队管理问题、成本预算问题、与合作伙伴的利益平衡问题、继续投资融资的问题，一个接一个的问题都会浮现。作为科班出身的管理学硕士和十多年的人力资源中高管从业者，我对于管理科学和工商经营管理的一整套方法、思路、战略、组织、人事早已谙熟于心。而在现实中，创业初期整个人的感觉是顾及不了那么多的管理逻辑，身处各种事务的漩涡中，头绪繁多，分身乏术。

在这些纷乱中，有一个声音时常飘在我头顶——慢下来，做一个智慧、轻松、优雅的执行者。如果说我创业第一阶段的忙乱是一种成长过程中必经的磨炼的话，那么第二阶段的回归才是真正体现创业本质、呈现创业精髓的一个良好时机。

肖　维：自己创业需要做哪些准备呢？

杜云华：有铺垫，有积累，有坚守。

有铺垫。适合创业的人在创业之前应该有一股冲动并且已经开始着手做一些类似的事情。例如，我年轻时曾经梦想未来可以拥有自己的财团，我曾经参与众筹投资了一些创业项目，等等。

有积累。因为喜欢组织发展这个话题，我用了两年的时间做社群的运营维护，一共组织了 20 多期与组织发展或跨文化相关的培训分享。

有坚守。对我喜欢的领域——帮助中国企业走出去，我愿意花费精力去深入了解这个领域，无论发生什么事，即便有时遇到挑战，我也会对自己喜欢的事情坚持到底。

肖　维：你给 HR 职业经理人转型创业者有什么建议？

杜云华：**心态准备。**创业前心态准备特别重要。你是否愿意相信自己有能力一个人去走很远的路，到底是什么支持你一直走下去。如果你能一开始享受这个过程，那么就有可能走到一个相对较远的目的地。

合伙人及团队基本共识。除了激情和能力，还是要花时间去跟你的关键合伙人和利益相关人确认，你们一起走的话，要走到哪里，准备投入多少，大家各自的期望是多少，开始有一个基本的共识，避免后期一旦与预期不一致时，大家把精力都耗费在互相扯皮和澄清各自的意见上，没有时间去关注真正的问题所在。

持久战。创业路上，不少人跃跃欲试，但只有少数人付出行动，更少的一拨人能走到最后，取得阶段性成功。一旦做出选择，就要坚持做下去，做好打持久战的准备，在这个过程中再随时根据外部环境调整自己的战略方向和具体的战术打法。

有进有退。创业作为个人职业生涯发展的一个选择，不是目的，而是实现个人优势和价值的一个过程。在坚守之余，发现能够更好地实现自身价值或符合自身实际情况的道路时，也可以做总体考虑，选择退守之道。

创业的方式。我比较主张先去观察和评估个人选择的创业方向，在社会和市场上是否有同行者或者更成熟的模式，是否将平台的内部创业单元作为起点，或者加盟相对成熟的创业团队，在能达成共识的前提下可作为重要的合伙人，抱团创业，聚合关键资源和能力，一起走下去，这种创业模式成功的可能性更大。

——— 职场攻略 ———

针对职场上做到人力资源中高级管理者且有创业梦想的朋

友，如何像云华一样突破生涯瓶颈、转型创业这个话题，我先来描述我对创业者需要具备的能力和素质的理解，接着重点分析 HR 职业经理人转型创业者会面临的挑战，最后分享转型走向创业成功之路可以考虑的几个方向。

一、创业者需要具备的能力和素质

观察创业名人和我们身边的创业者，不难总结出图 1 所示的创业者需要具备的 8 个主要能力和素质。

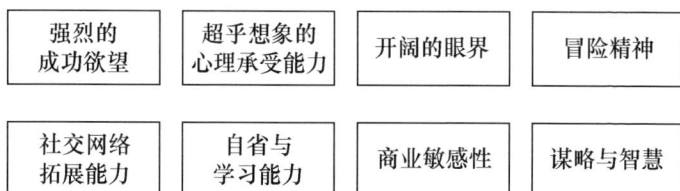

强烈的成功欲望	超乎想象的心理承受能力	开阔的眼界	冒险精神
社交网络拓展能力	自省与学习能力	商业敏感性	谋略与智慧

图 1 创业者需要具备的 8 个主要能力和素质

我以云华为例来分析以下 4 个创业者的素质。

1. 强烈的成功欲望

创业者与普通人的不同之处在于，他们成功的欲望极强，这种成功往往需要打破他们现在的立足点，打破眼前的樊笼才能实现。因为欲望，因为不甘心而去创业，进而行动，从而成功，这是大多数白手起家的创业者走过的共同道路。成功的欲望是成就理想最重要的基石，也是创业最大的推动力。云华年轻时的梦想是未来可以拥有属于自己的集团公司，这种梦想和欲望一般很少有人拥有，但正是这种欲望让她拥有一股不达目的誓不罢休的创业激情。

2. 社交网络拓展能力

每个人创业都必然有其依凭的条件，也就是其所拥有的资源。最重要的一点是社交资源的搭建和拓展，即创业者构建其社交网络的能力。云华在社交网络拓展方面很用心。她除了积极搭建不同的潜在客户渠道、参加各种论坛活动来宣传推广品牌，拓展社交网络之外，她还经常主动给认识或不认识的人提供力所能及的帮助或为别人的业务牵线搭桥。这让她在创业初期寻找合伙人、搭建核心骨干团队以及寻找天使投资的时候，几乎没费什么周折，很多已经熟悉她或曾经被她帮助过的人会主动与她联络，加入她的创业团队或投资她的项目。

3. 超乎想象的心理承受能力

创业所面临的最大的挑战并不是做产品、找客户或销售业绩本身，而是创业的信心和决心。事情总能想办法解决，而信心和决心一旦遇到挫折，就很容易受损且不易被修复。

以云华的创业为例，她招兵买马快速打造了自认为配置还算不错的创始团队。有了产品，有了客户，进入客户运营和产品升级阶段时，她却发现团队成员似乎越来越不能理解她层出不穷的想法，产品升级速度也不够快，客户维护也跟不上，她24小时工作似乎都不能解决那么多层出不穷的问题，她甚至一度怀疑团队成员选错了，她的信心开始受挫。

我认为，如果你做这份事业的初衷是为了养家糊口，希望快速获得财富自由，那么你一定会经历决心和信心的双重煎熬。这是一条少有人走通的漫长、崎岖的小路。因为从概率论来讲，通过创业获得成功的人应该不到10%，获得财富自由的人应该不到1%。如果你做这份事业的初衷是为了实现心中的一个梦想，你有长线投资的打算，关注投入而不计较产出，以及拥有即便A项目失败可以进行B项目、C项目的心态和勇气，决不退缩，那创业路上的挫折对你而言并不是大问题，做事的挑战就更不在话下了。

创业者遇到资金吃紧、客户丢失、项目告急、核心人员离职等火烧眉毛的状况时想逃都没地方逃；创业者很孤独，有话不能对家人说，也不能对下属说，如果有几个共同创业的人，也许大家可以相互排解压力，但是一个人创业，那绝对是孤独的。没有强大的心理素质，就无法支撑自己继续走下去。

4.冒险精神

创业需要胆量，需要冒险。敢下注，想赢也敢输，输了爬起来再继续向前。

例如，云华身上有一种花木兰和拼命三娘式的勇敢和无畏，无论是在"非典"时期那种无畏出差工作的劲头，还是新任总监因为年轻不敢懈怠的拼命状态，抑或是她虽然知道自己喜欢跨国业务，但并不完全清晰新项目在整个市场的需求，敢于全力以赴地聚焦在新项目上的勇气。云华并不做无知的冒进，她发起创立的"一站式"跨境人力资源综合服务平台，旨在支持和帮助更多的中国企业顺利"走出去"，但由于跨境项目的复杂，创业之初她虽然不能完全了解新项目的全貌，但她采取的策略是一次又一次地快速迭代，不断调整业务模式来适应市场快速变化的需求。

除了那股不达目的誓不罢休的创业激情、社交圈拓展能力、抗压力和冒险精神外，我还在云华身上看到，她具备极强的学习和分享能力，遇到问题有担当、有决断力，面对各种不确定性，坚守并把控方向的能力，冷静稳重，独立自主，以及不盲目跟风和对人对事的高包容度。

二、职业经理人转型创业者所面临的挑战

职业经理人最擅长守江山，而创业者需要打江山的能力。守业主求稳，创业重在闯，这其实是两种能力需求的人。职业经理人与创业者的不同如图 2 所示。

职业经理人和创业者所处的位置不同，因而思维方式和价值取向也有所不同。从职业经理人转型去创业时，固有的思维方式和做事方法会给他们造成一定的障碍。

重管理轻经营。原来做人力资源的中高管最熟悉并看重的是公司内部的管理体系，因而在自己创业时会特别运用自己擅长的管理能力来规范企业；而真正的创业是要考验一把手的经

营能力，这对于没有销售、市场运营等经验的职业经理人来讲是个巨大的挑战。其实，任何企业在初创阶段，是不可能做到像大企业那样规范化管理的。

职业经理人	创业者
• 关注管理能力	• 关注经营能力
• 副驾驶	• 驾驶员
• 先计划后行动	• 即兴之作
• 按部就班	• 妥协变通
• 稳重谨慎	• 冒险精神
• "996"工作[1]	• "7×24"工作[2]
• 知识能力 — 专家型	• 知识能力 — 杂家型
• 有后路	• 无后路

图2　职业经理人与创业者的不同

规划多行动少。职业经理人在职场上练就了很好的计划性，工作起来比较稳重谨慎、按部就班；而创业需要根据环境、趋势、市场、客户等变量时不时有即兴之作，时不时要"不按常理出牌"，需要具备几成把握就敢投资的冒险精神和随时随地的妥协变通能力，不然很难抓住稍纵即逝的商机，也很难让自己的创业项目活下来。

"996"与"7×24"工作的差别。打工高管的工作时间比较常见的是"996"的状态，而创业者却是"7×24"不停地工作。

---

1. 996：早上9:00上班，晚上9:00下班，一周上6天班。
2. 7×24：一天工作24小时，一周工作7天。

以云华比较典型的时间表为例，可以看出一些创业者的状态。

以下是云华一天的理想状态，但基本都是被打乱的节奏。

6:30 ～ 7:30 "脑力操"，发朋友圈早起短文，快速捋一下当天的工作重点。

7:30 ～ 9:00 个人事务及工作前准备。

9:00 ～ 12:00 内部会议，做方案，客户沟通或供应商沟通，培训或市场活动。

12:00 ～ 13:00 午餐及内部时间。

13:00 ～ 18:00 做方案，客户沟通或供应商沟通，培训或市场活动。

18:00 ～ 19:30 个人事务及内外部沟通时间。

19:30 ～ 24:00 做方案，整理工作，思考和安静时间。

视野和经验不足。职业经理人的知识和能力贮备由于职业经验的单一使他们的创业能力受到局限。虽然是人力资源管理方面的专家，但对于公司运营、财务、市场销售等多方面管理能力有所欠缺。当他们出来创业时，就会遇到问题，因为整个公司的运营需要的是全才杂家而不是专才专家。

三、人力资源职业经理人如何转型成为创业者

HR 职业经理人与创业者之间存在着很大的不同。即便转型

去创业后，他们身上依然会带有职业经理人很深的思维烙印，越是职场上管理经验丰富的职业经理人，转型后就越不适应。面对这些转型的挑战和不适应，HR 职业经理人需要关注以下 5 个方面的心理建设。

1. 调整心态，不留后路

创业从来都是九死一生，要有面对多次失败的勇气，并从失败中成长和重生。转型创业最需要的就是这种不给自己留后路的心态，遇到任何困难都不会退缩，穷尽方法也要走向成功。

在调整心态上，云华从经理人心态上的"等、靠、要"的被动模式自动转换为"火车头"的主动模式，带着创业团队向前跑。跑到哪儿、怎么跑、用多大的动力跑、找谁跟自己一起跑，一切都要靠自己去思考、去决定、去行动、去担当。一旦跳出以前在企业内部稳稳当当做人力资源的圈子，选择了创业开办公司这条路，就等于把自己逼上梁山，云华也没留退路和后路给自己。

从职业经理人"守江山"和"驾驶员"的位置转换到创业者"打江山"和"造车者"的位置，转型的地基搭建得比较牢固。因为心态是创业极其重要的根基。

2. 找对方向，选择永远比努力更重要

永远做自己擅长又感兴趣的事情会更有动力，也更容易坚持和成功。对于创业的选择还要符合大的趋势，也就是所谓的

顺势而为，这会大大提升创业成功的概率。

3. 可以容忍各种混乱局面

因为职业经理人一直在相对规范的公司中工作，所以职业经理人的关键词是可预见性；而创业有太多的不确定性，不确定的环境和问题，这让大多数职业经理人难以适应；同时不能躺在自己过去的能力和经验上，而要根据市场和环境的变化时刻调整公司的经营管理策略。

4. 放下曾经的光环，重新启航

创业是一连串不断尝试失败、不断试错的过程。没有做过职业经理人的创业者，本身没有职场光环，失败后可以从头再来。但对于想要转型的职业经理人来说，如果其之前在职场上越成功，名气越大，一旦失败，心情受挫、名誉受损、社会波及面会比较大，创业后重新开始的成本就会比较高。职业经理人久居高位，很难放下面子，调整好心态去拉客户、谈业务；同时面对重大危机时，做职业经理人时只需要承担部分后果，而做老板则须承担全部后果，所以这个时候如果经理人心态不够好，更会导致危机"倍数效应"，最后导致创业半途夭折。

5. 善于借力，快速自我更新迭代

个人的能力和资源终归有限，善于整合并利用外部的资源来做自己的事情才是他人无法超越的能力；不用自己的固有思维去理解整个世界，用好奇心看待所受到的批评，面对批评，有则改之，无则加勉，不过于争辩对错，不断学习，将自己作

为一个"产品"不断地进行自我更新迭代。

大多数跟云华一样在职场上工作多年想转型创业的职业经理人，除了财富，也应该已经积累了大量的资源和渠道，并且积累了一定数量的稳定的个人和企业客户资源。即使离开职场，你也可以把自己的知识、经验等资源变现，在帮助更多企业或个人的同时，也可以达成马斯洛需求理论的高层次——获得自我实现。

例如，市场上有很多已经做到人力资源高管或资深职位的朋友现在走出职场选择创业，有些人的社交范围很广，便开猎头公司来招募配置人才；有人对培训项目感兴趣，于是创建了培训公司；还有人对咨询业务感兴趣，同时拥有很多企业客户资源，于是选择一个细分领域来搭建咨询产品平台，为企业客户提供服务。

从我和云华身边的圈内朋友走出来的实际创业经历看，以下创业方向可供一些有创业梦想的人力资源朋友们参考：

- 专业的管理咨询公司（如管理咨询、HR 顾问、HR 专家、高管教练等）；

- 专业的猎头公司；

- HR 外包服务公司；

- 人力资源平台类公司；

- 职业培训、职业教育类项目；

- 礼仪、沟通等软技能类专业的培训公司；

- 面向国内市场的人力资源公司；
- 面向"一带一路"或者海外的国际人力资源服务公司；
- 其他人力资源创新技术、工具、产品项目等。

这个世界上并没有限制你是从离开校门第一天起就开始创业，还是在职场叱咤多年后转型去创业，只要你对自己有清醒的认知，理性地为自己做好计划、一步步脚踏实地地往前走，有杜云华这样的职场转型创业者和很多创业成功人士作为榜样，我相信拥有创业梦想和实力的你最终可以闯出属于自己的一片天地。

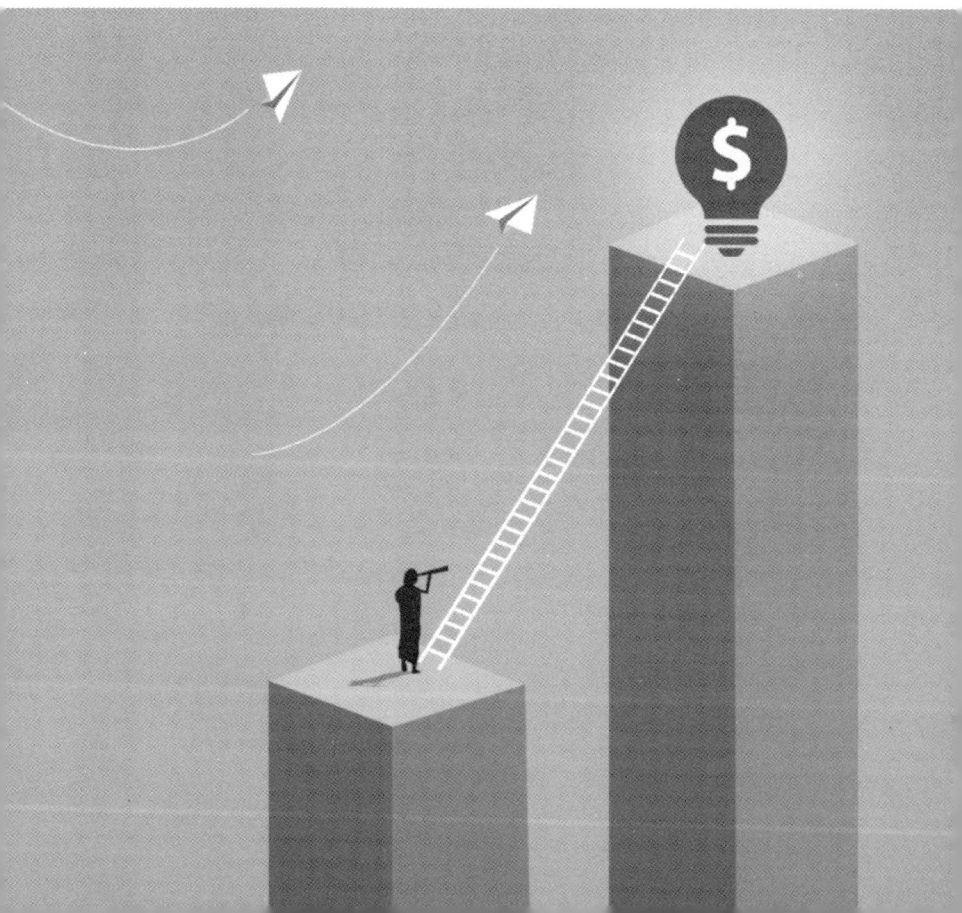

可移动性，转行／转型跑道上的
助力神器

位晨是我于 2005 年在中国惠普大连公司结识的同事，我们一直保持联络。那时的位晨还在从事与财务相关的工作，次年她就转换了职业赛道，进入人力资源领域。10 年时间，位晨快速晋升为人力资源副总裁。

位晨时任一家上市集团公司的人力资源负责人。她之前任职的公司几乎都是鼎鼎有名的国际公司，例如，在星巴克中国、恒天然集团公司担任人力资源副总裁，在这之前，她曾任职于黑莓通信（Blackberry）、SAP、德勤、爱立信公司等。

位晨属于亲和力特别强的职业女性，举止温文尔雅，做事知书达理。8 年的财务工作经历让她成功转型为一名资源 HR 负责人，在我眼中，她是一位温柔似水、坚韧不拔的职场女性。

一些已经在其他专业领域工作几年的职场朋友，遇到瓶颈想转行，自己一直对人力资源领域有兴趣，却不知自己是否可以转型做一名合格的 HR，甚至像位晨一样成长为一名优秀的人力资源管理者。我希望这篇文章可以助力这些 30 岁以下的朋友转型成功。

换工作，精心挑平台

1997 年大学毕业时，位晨的第一份工作是在大连一家美国化学品公司代表处担任财务和行政专员。在这家代表处工作了4年左右，位晨换工作去了瑞典爱立信公司，给一位瑞典籍财务总监做助理。

这次换工作，因为更看重爱立信这个平台，位晨是以助理的身份降一半工资进入的。因为她有财务方面的工作经验，英语又好，老板很快就让她兼任会计的职务。当时爱立信正在上 SAP 管理系统项目，她敏锐地意识到，这是一个难得的学习机会，所以尽管那时她已经兼任助理和会计，她依然主动争取做那个项目。那时的位晨是员工中第一个上班、最后一个下班的，周末还主动加班。很快，她的工资就恢复到上一家公司的水平，而且还掌握了很多财务实操技能及项目管理能力。

一时的降薪降职并不可怕，换工作，位晨最重视的是挑选平台。换工作前，她会判断这个平台是否可以提供培养人才的土壤，给她成长锻炼的机会，因为在这样的平台上她很快就能学到其他公司不能学到的技能；她也坚信，随着她能力的不断提高，乐意培养员工的平台自然会相应地提升员工的薪水和职位。

确定职业锚——工作 8 年，转换赛道

由于公司架构的调整，爱立信在北京设立了财务共享中心，

大连这边除了一名税务专家，其他财务人员都没能留下来。那时的位晨，即便年年被评为优秀员工，但还是跟别人一样拿了公司的补偿金，这让她心里很不是滋味。

不得已离开爱立信这个平台让位晨认清一个道理：应对改变将会是稀松平常之事，这种改变不会以你的意志为转移。外部世界瞬息万变，只有不断调整自己的心态和思维，持续学习，才能不被淘汰。自此以后，她一直努力进取，一点儿也不敢懈怠，生怕自己成为那个被时代淘汰的人，也因此具备了拥抱变化的心态以积极面对这种变化。

在还没有正式离开爱立信的时候，位晨就拿到了惠普大连信息数据分析员的入职通知书。入职惠普不久，位晨发现她并不喜欢这份与数字打交道的工作，在惠普工作半年多，她就忍痛离开了。这段短暂的工作经历让位晨意识到，职场上一定要找到自己的兴趣所在，如果不能做自己真正想做的事，即使平台再好，也要有所取舍，不然会与自己的理想渐行渐远。

爱立信不得已的工作变化和惠普的短暂工作引发了位晨的深度思考。

第一，位晨虽然考了财务证书，但因为不是财务出身，想要在财务方面做到更好，就需要花费加倍的努力和精力去学习。

第二，位晨更喜欢与人，而不是与数字打交道；看到身边做 HR 的同事可以帮助更多的人，这与她一直以来想帮助更多人的想法不谋而合。

第三，大学毕业后位晨已经工作 8 年，尚未确立一个自己喜欢并擅长的专业领域并为之奋斗，这次转型看来势在必行。

位晨咨询了一些从事人力资源工作的朋友，了解了 HR 的职业发展路径和前景，她准备听从自己内心的召唤，决定正式转型，进入人力资源专业领域工作。

这一次换工作，位晨继续关注平台的挑选：

第一，什么平台更关注候选人的成长潜力；

第二，什么平台会看重候选人之前的工作经历、学习能力、沟通能力。

四大会计师事务所之一——美国德勤公司（以下简称"德勤"）刚好满足位晨挑选的平台条件。德勤具备强大的人才培养体系，不需要经验老到的同事，反而更喜欢成长潜力大和学习能力强的员工。位晨的财务工作背景、求知欲和与人交流共事的能力让她在众多候选人中脱颖而出。

德勤最初提供给位晨的职位只是一名普通的人力资源专员，而她从惠普离职时已经是经理。接受德勤的新工作，意味着她的级别和工资会同时降低。面对这些挑战，位晨并未在意，她只关注挑选的平台是否愿意培养而且给她成长锻炼的机会，而不是初始时候的薪水和职位。位晨知道，机会永远伴随着挑战。果然，位晨通过展现能力，3 个月后，她就获得了内部提拔，晋升为全面负责大连分公司 200 人业务团队的人力资源业务伙伴（HRBP）。

2005 年，离开惠普后的位晨正式转型从事人力资源工作，这是她步入职场的第 8 年。

快速晋升——温柔似水，坚韧不拔

位晨在德勤工作几年后，感觉自己在学习和职业发展方面都出现了瓶颈，不满现状的她挑选了新的平台——一家德国软件公司 SAP。在大连 SAP 工作了两年后，一个北亚区域 HRBP 的内部晋升机会摆在她的面前：汇报线直接到德国总部，级别和视野比以前只负责一个事业部、一个国家的工作明显高出一个新的台阶。但她面临的抉择是是否举家搬去上海。

位晨非常珍惜这个内部调岗的机会，面对换城市这个挑战，位晨的家庭——她的外部支持系统起到了重要作用。位晨与她的先生和母亲商量后，带着小孩和母亲搬到上海，母亲帮她照顾小孩，先生当时在沈阳工作，需要克服很多困难，如每月辗转于上海、沈阳和大连。为此，她非常感激家人对她异地工作调动的全力支持。

初到上海的位晨面临很多生活上的挑战。对于一个北方人来讲，上海的冬天比较难过，房间里没有暖气，孩子的手一直有冻伤……可位晨心中的目标一直没有改变：来到上海是自己的选择，生活和工作中的一点儿困难算不上什么。这些挑战是她在自己熟悉的城市里无法遇到的，但这些挑战却会让她充满斗志地充分挖掘自身的潜力。

位晨这次城市间的工作调动为她争取到从单一城市到区域工作的晋升机会，她追随工作调动如水一般的流动性和灵活性，这种特质，支持位晨的职业生涯上了一个新高度。

在上海工作与生活了一段时间后，为了争取更多与家人团聚的机会，位晨变换了一个平台——加拿大黑莓（Blackberry）通讯公司（以下简称"黑莓"），担任中国区人力资源负责人，把家从上海又搬到了北京，这是她第二次变换城市。位晨在黑莓工作了 4 年，直到 2014 年黑莓退出中国，她在黑莓的工作才画上了一个完整的句号。

因为黑莓在中国的经营状况不是很乐观，在黑莓的后半段也是位晨遭遇挫折和困惑比较多的阶段。在那段时间里，比其他同事早知道结局的位晨，在遣散自己招聘来的员工、曾经朝夕相处的高管的过程中，她的心情异常复杂，但位晨身为职业经理人的特质支持着她，令她一如既往、有条不紊且专业地处理好各种遣散事宜。这种直面困惑、坚韧不拔的品格也在位晨身上逐渐体现出来。

总监升副总裁——成就自我，帮助他人

黑莓的工作结束之后，位晨挑选了另一个平台——新西兰恒天然集团，接受了国际牧场事业部人力资源总经理的职位，负责国际事业部，工作地点在北京。

没过多久，公司的外籍 HRVP 任期结束回国，位晨获得了内部提拔，接管了那位离职的 HRVP 的工作，将两个事业部合并，职位上获得又一次跃迁。要知道，那个时候两条业务线还没有合并，位晨推进了不同业务线人力资源平台的整合。接受人力资源副总裁的内部提拔，位晨需要再次转换城市前往上海，这是她第三次搬家。

公司没有从外部空降人力资源副总裁，也没有从总部继续调拨外籍高管，而是给予中国员工位晨这个内部晋升的机会，提拔她的亚太领导对她身上拥有的两个特点印象深刻：

第一，位晨有胆魄，即便面对权威或高管也敢就事论事；

第二，位晨聪明好学，具备真诚、勇敢、直接面对反馈意见的成长型思维。

2016 年 6 月，在恒天然做得很舒服的位晨希望迎接新挑战，她又更换了平台，进入星巴克中国担任人力资源副总裁。

星巴克中国在 2017 年年底并购了统一星巴克后，中国区员工总量达到 4 万人，在管理的体量上又有了一个质的飞跃。管理 4 万人的工作和管理上千人的工作，在责任、体量、复杂程度和资源调配方面都有很大的不同。

纵观位晨 21 年的职场经历，你会发现，虽然初入职场的位晨并没有找到自己明确的发展路径，但经历一两次工作转换后，她领悟到自己必须持久地在一个喜欢的专业领域发力，进而获得更好更大的发展平台，因此她选择了人力资源专业。在之后的职业发展过程中，她慢慢地理清了自己的使命：可以帮助并影响更多的人。所以她即使处在自己的舒适圈中，还是可以选择进入更有挑战的万人以上规模的美资快消品牌——星巴克和现在的民营企业。因为她相信，只有站在更大的平台、更重要的岗位，才可以让她达成自己的发展愿景：帮助更多的人、影响更多的人。她在具备国内更大影响力的民营企业平台上继续履行着自己的梦想：成就自我，帮助他人。

──────── 采访对话精彩还原 ────────

肖维：在你的职场之旅中，是否有一条主线引领你前行？

位晨：我的主线是我的性格特点和目标。我喜欢分享，喜欢帮助别人。我的目标是在成就自己的同时可以帮助更多的人。我相信职位越高、影响力越强大的原则。

肖维： 你如何看待职场的成功，你认为在职场上获得成功的秘诀是什么？哪些因素不可或缺？

位晨： 我认为所谓的职场成功需要全盘考虑，不能只是你一个人的单打独斗。学习教练课程的时候，我获得了一个灵感，每个人都需要拥有自己的支持系统，这个支持系统中重要的组成部分就是你的家庭。在我的例子里，如果没有我的先生和母亲的支持，我不可能频繁地转换不同的城市去奋斗，也不可能换来事业的小成就。

在德勤的两年间，我经历了父亲去世、孩子出生，也体会到工作生活无法达到平衡的痛苦和困惑。但我之所以可以咬牙挺过来，是因为我有一个强有力的家庭。我的母亲和弟弟为我付出了很多，所以我才不用暂时放弃我的职业生涯去照顾家庭。生活中的挑战是每个人都要面对的现实，事业与生活的相对平衡是每个人都需要进行的抉择。事业的成功不能以完全牺牲家庭和家人为代价。所以一有空闲，再累我也会飞回家多陪伴家人和孩子。

在职场中，我觉得敢于做自己、有胆魄异常重要，所以即便面对职位比自己高很多的领导，我也敢于提问或表达自己的观点，还能做到坚定、自信、有胆量。

想要获得成功，我个人认为需要以下几个因素：

你要时刻准备着，平时注重不断练习职场"武功"，成
功一定眷顾有准备之人；

好学；

独立思考和判断的能力；

较强的沟通和表达能力；

帮助别人的欲望和行动。

肖维：如果你有一次吃"后悔药"的机会，你想改写哪段职
业历史？

位晨：我年轻时其实是没有什么目标的。大学毕业后的 4 年一
直在四处晃悠、开心地玩，甚至闲暇时候还讲讲课。工
作中我一直是在"卖知识"，从未意识到要"买知识"，
即通过学习来武装自己。现在回想起，那时的我其实是
在浪费青春和职业生涯初期试错的宝贵时光，是一个迷
茫而没有目标的年轻人。

我最想改变的就是我大学期间和大学毕业后无所事事的
那段经历。如果我可以早一点遇到职业生涯的咨询师或
导师，我就可以改写我那段学习和职业历史，少走弯路，
早一点步入职业生涯的正轨。例如，如果我咨询过别人，
我就会知道，考上大学不是对自己高考后的一种奖励，
并不意味着就可以完全放松了，后面的职业生涯还很漫
长。大学生不要荒废自己的青春，应该充分利用时间武

装自己，找到自己的志向与兴趣所在，更多地为进入职场做各种准备。

肖维：哪个阶段你碰到过挫折困惑，你是怎样解决的？

位晨：由于黑莓在中国的经营状况不是很乐观，在黑莓的后半段应该是我遭遇挫折和困惑比较多的阶段。我想讲一个故事来说明我当时是如何走出来的。

一个在非洲做扶贫基金的人做过一个有趣的研究。在非洲国家有很多流浪的孩子，这些孩子每天在街头做着擦鞋等各种零工。他跟踪这些孩子多年后，发现有些孩子长大后还在流浪，而且过得很消沉。而有些孩子逐渐摆脱了流浪的状态，拥有了自己的事业和生活，过得很快乐。他重点研究了那些快乐的孩子，他们身上究竟有哪些特点让他们的人生发生了转变？他发现孩子们的身上有 4 个特点值得我们深思。

聚焦积极：不做那些消极被动的事情。

合作竞争：不服输，挑战各种新问题。

主动创造：积极主动，发挥自己的创造力。

敏捷修复：灵活变通，具备快速的自我恢复能力。

我从这个故事中悟出一个道理：即使是相同的背景或境遇，也完全可以走出不同的道路。因此我不再专注那些我改变不了的事情，反而更加关注哪些是我能改变或改善的事情，我因此慢慢走出了那段困境。

肖维： 很多人在职场上都遇到过不公平待遇或误解，如果这种
　　　待遇来自同事还好处理，但是这些不公平如果来自你的
　　　直属上司，你是如何化解矛盾的？

位晨： 以我本人的个性来讲，我的性格相对柔和，我希望身边
　　　的每位同事与我共事时都能感觉很舒服。但有一位领导
　　　曾经严厉地教导过我："高管所担任的工作是非常重要
　　　的工作，这份工作不允许你面对每位同事都用柔和的方
　　　式来解决问题。你需要更坚定地表达自己的观点，你可
　　　能随时都要做一些艰难的决定。"
　　　一般人听到领导这样批评自己，肯定很沮丧，因为好歹
　　　也是 HRVP，在自尊心和面子上让我很不舒服。我发现
　　　自己有一个不同于旁人的特点，就是我很少把别人对
　　　我的批评视作针对自己，而是把批评视作镜子和反馈，
　　　当成自己前进的动力。我每时每刻都希望自己有进步，
　　　希望自己越来越强大。这种积极面对批评的态度，真
　　　诚勇敢、直接面对反馈意见的成长型思维，有时让我
　　　的直接领导和业务老总都认为不可思议。
　　　我是比较幸运的。我遇到的很多外国老板都比较成熟，
　　　即使在教导我的时候，也会用相对委婉的语气来跟我沟
　　　通。以前我会比较敏感，很难迈过那道坎儿，但是后来，

我有了变化，开始学习用"小强"精神（不服输，把压力变为动力）和同理心来理解别人的激动情绪。我告诫自己，职场上不能受不得委屈，不能时时去维护自己那颗易碎的玻璃心，除非我可以任性地随时辞职，不在意自己得之不易的成长环境和平台，否则，能够低头接受中肯的批评和指责也应该是一种需要锻炼的能力——职场逆商。我认为"玻璃心"是职场人修炼路上的障碍。

肖维：谁在你的职场生涯中扮演着重要角色？

位晨：在黑莓工作是我职业生涯发展最快的几年。在这里我结识了我的导师，导师给予了我很多工作和人生的指引。我认为职场上应该有 3 种贵人：**导师（Mentor）、教练（Coach）和支持者（Supporter）。你可以把你的人生经历和困惑与导师分享，让导师为你指点迷津；你可以把教练当成一面镜子，通过教练来助你向内思考；支持者是你工作中非常重要的拥护者。**

我有一个教练，3 年以来我们之间保持每月一次的沟通频率，他对我的帮助很大。但对我职业生涯影响最深的人是我的导师，在黑莓工作让我有幸结识了他。旅居国外的经历让我的导师对东西方文化的理解颇有见地。除了工作上对我职场困惑的点拨，他还给予我很多人生的指引，让我少走了很多弯路。

我的导师帮我打破了思维边界和思维的禁锢，令我拓宽了视野；他对很多事物都持宽容欣赏的态度，他会常用"非常好"来做各种评价，对我日后判断事物产生很大影响；他曾经经历过因为合作伙伴出事、公司没能上市而一夜白头等变故，但他依然能像岩石一样坚不可摧，这样的性格对我也极有冲击力。

导师的教诲，是职场人在日常工作中无法学到的，却是对一个人影响较大的忠告和良药。

肖维：以你的观点，谁是适合做打工贵族 / 自由职业者 / 创业者？这些人的共性在哪里？

位晨：我对自由职业者和创业者并不熟悉，我可以分享一下我对"打工贵族"的理解。

有清晰的生涯规划且用心努力地实现它；

聪明、机敏、果敢，具有逻辑性思维；

拥有大智慧，而不是小聪明，有原则，不斤斤计较自我得失；

悟性高、一点就透，具有举一反三的能力；

正能量满满；

双商高（智商加情商）、逆商必须要高。

肖维：最后，请送给年轻的职场人一句话。

位晨：请设立尽量高远的目标，并坚信自己一定能够达成。成就自己，帮助他人。

---------------------- **职场攻略** ----------------------

我先来简单普及一下人力资源领域的基本知识，然后重点分析职场上想从其他专业领域转型做 HR 的朋友如何能像位晨一样，成长为一名优秀的人力资源从业者，直至成为人力资源总监或副总裁。

一、人力资源的职业发展路径和通道

人力资源从管理板块上讲，分别是人力资源规划、人员招聘与配置、员工培训发展、薪酬管理、绩效管理和劳动关系管理，人力资源六大管理板块如图 1 所示。

从管理功能上讲，主要有四大基本功能：选人、育人、用人和留人。

人力资源的职业发展路径如图 2 所示，从职位的晋升角度可以参考图 2 所示的内容。

当然，图 2 只是职位晋升的一种路径。人力资源有专才和通才两条职业发展路径：专才更加注重对 HR 某个专业板块的沉淀，职业上升途径与通才不同，类似于其他专业板块的技术岗位或者医院里的专科大夫，未来通常会晋升到培训总监、招聘总监、薪酬绩效总监等职位，成为某个特定板块的专家；通才更加注重对HR多个专业板块的贯穿，虽不精通多个板块，但至少有一个板块是强项，如常见的招聘或绩效管理板块，而且需要具备较强的问题诊断能力、应变能力和HR内部协调能力，类似医院里的急诊科大夫，未来通常会晋升到人力资源总监或副总裁的职位。

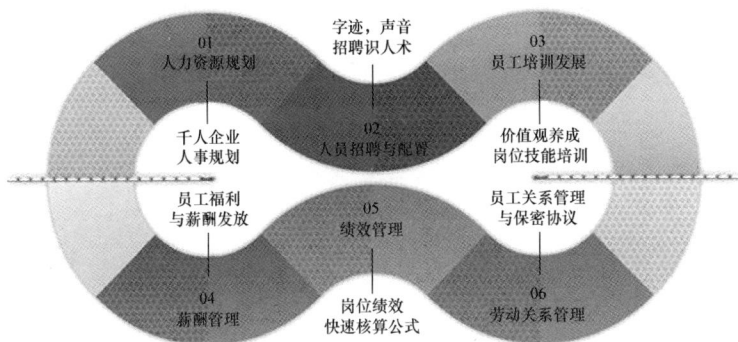

图1　人力资源六大管理板块

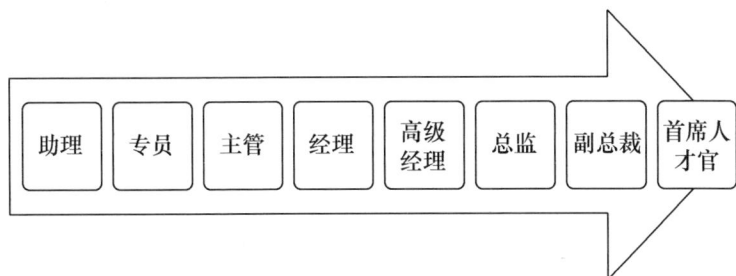

图2　人力资源的职业发展路径

因为HR是职能部门，人力资源专业人士还有一个很棒的职业优势，就是可以在任意行业穿行，几乎没有行业壁垒。通过位晨的例子就可以理解，无论是软件、IT、通信还是食品行业，换工作、挑选平台的余地很大，她几乎可以自由穿行在各个行业。

另外，转行做HR后，你会发现这个职业会让你拥有助人助己的强烈的成就感；帮助员工找到发光发亮的人生舞台，指引他们走上适合自己的职业成长之路；助人的同时也能成就自己。例如，这份工作会锻炼自己准确的识人眼光，对人才有强烈的第六感，对辞职找工作这些话题有权威的话语权，等等。

人力资源的职业发展道路很宽广，入门门槛看起来似乎也不高，每年都有很多人像位晨一样跨专业进入这个领域。但能够真正转型平稳落地，能够做好甚至做到优秀的人，只有极少数。

二、从事人力资源专业需要具备的性格和素质

下面我用HR日常工作来给你解析HR从业人员需要具备的特质。性格有天生的部分，也有后天培养的部分；素质是可以通过后天培养的。如果你真心希望转型从事人力资源工作，你可以通过后天的培养适当调整自己的习惯，进而形成人力资源从业者需要的性格和素质。

人力资源工作会直接接触各级员工的薪资待遇、绩效评级等保密信息，需要具备面对高薪员工不嫉妒、面对位高权重岗位员工不胆怯的能力。多疑内敛的性格其实会有助于HR在招

聘面试、员工关系等环节，对利害关系人进行更多的权衡、更深入的了解，避免粗糙、武断和盲目地评判。

- 所有HR从业者都需要具备的性格和素质：既要有同理心、谦和公正、积极热情的一面，也要有多疑内敛的一面。
- 从事薪资绩效和劳动关系的HR，需要具备法务和财务人员严肃谨慎、计较苛刻的特性。这些性格可以帮助HR在面对庞大的薪酬绩效数据、复杂的劳动纠纷案时，严谨精确、不出差池。
- 从事招聘、培训等岗位的HR，主要与人打交道，需要具备营销人员灵活圆融的性格特点。HR主管以上级别，通常做的不再是技术活儿，需要更多的调解斡旋能力，这时也需要具备营销人员灵活圆融的性格。
- 从事不同板块的HR的性格和素质：既要严肃谨慎、计较苛刻，也要灵活圆融。
- HR做到总监及VP级别，在角色的重要程度上其实已经相当于一家公司CEO的左膀右臂。他们的主要工作已经变成跨部门合作，以及参与公司的战略制定和执行。因此需要其他任何一个企业高层所应当具备的性格：全局观、远见、大度、沉稳。HR高管的性格和素质：全局观、远见、大度、沉稳。

三、转行做HR需要具备的硬实力

人力资源六大管理板块的专业知识是转行做HR的职场新人需要具备的专业硬技能。

1. 人力资源资格的相关证书和培训学习

没有工作经验、初入职场的"小白"如果希望从事人力资源的工作，可以考虑考取一些 HR 上岗证或 HR 管理师等级证书。但对于已经在职场上工作几年想转行做 HR 的朋友们来说，原本这些证书就不是从事人事工作的硬性条件，所以我不建议你花费精力来考取证书，但为了系统学习人力资源相关板块的知识架构，可以考虑通过短期在职培训学习获取。

2. 善于利用原来的专业，成为 HR 杂家

人力资源管理始终是围绕着人的管理。在基于对人的管理这一核心工作之外，HR 的工作还涉及其他方方面面，这就要求一名 HR 从业者不仅要做到本领域的专业性，还要在一定程度上成为一个杂家。杂家型的 HR 不一定必须是通才，但了解与掌握人力资源管理的各种相关知识和应用，是优秀 HR 人士加分的必备条件。

例如，位晨在转行做 HR 之前，一直从事财务管理的相关工作，在德勤面试 HR 职位时，她不仅在简历上充分地展现出相关管理经验和个人亮点，还在面试过程中充分表现出 HR 和财务从业人员同样需要具备的严谨、公正和与业务部门交流共事的能力。所以，杂家与单一专家视角各有利弊，在面试和工作中善于利用自己原来的专业，跨界换行可以为你的转型加分。

人力资源管理的六大板块，你在转行时可以从任何感兴趣的模块切入。你可以像位晨转行时一样，直接寻找类似德勤公

司愿意给予 HR "小白" 机会的外部平台；你也可以在自己的公司寻找内部转岗做 HR 的工作机会，在熟悉的平台上转岗会比更换平台重新来过要容易得多，免去了去新平台需要熟悉公司文化、环境、制度、同事等磨合成本。

四、转行做 HR 需要具备的软实力

对于 HR 需要具备的软实力，不同人的看法会有所不同。除了所有优秀的职场人都需要具备的如学习能力、协调能力、独立思考能力等通用的软实力之外，有几项围绕着人的能力我认为在 HR 领域是比较重要的，也是转型去做 HR 的朋友们需要特意关注和培养的。

1. 情商

HR 是从事与人相关的工作，与销售人员有一点类似，对人的敏感度要求较高；对自我和他人的情绪察觉能力、控制情绪能力、共情能力等都有比较高的要求，而这些正是情商要求的几个维度。

2. 倾听、沟通和表达能力

HR 在工作中出现很多错误是由于不善于倾听、沟通不畅和表达有误造成的。对于 HR 来说，人事工作归根结底是做人的工作，倾听、沟通、表达更是一门必修课，延伸开来还有演讲能力、谈判技巧，等等。

3. 人际交往和社交拓展能力

经常与人打交道的工作，人际交往能力异常重要。这个能力不

强，则无法令别人信任你、认同你，也无法协调工作中人与人之间的关系；社交拓展能力不强，就不能帮你聘用到各个领域的优秀人才，并获取市场上对于某些需要了解特定背景的人的真实看法。

4. 识人、辨人和洞察力

无论是招聘工作、业绩评估，还是员工发展等相关工作，HR 都需要具备一双慧眼，这样可以快速地从众多候选人中挑选出真正的人才，可以分辨出真正的业绩突出者，还可以发现组织中的高潜力员工，这些都需要识人、辨人的能力。

5. 公平公正的心态

由于人力资源工作的特殊性，从事这份工作时，你可以接触所有人的薪酬、奖金、绩效、处罚、裁员安排等各种敏感信息。HR 从业者也是普通人，当面对这些敏感信息时能做到心中完全波澜不惊，绝不泄密是需要历练的，但这也是 HR 职业操守的基本要求。所以保持一颗平常心以及公平公正处理各种事情是非常重要的。

对于人力资源总监和副总裁而言，还需要具备更强的软实力：高逆商、政治敏感度、商业敏感度、战略思维、远见和洞见、赋能团队、跨界经历、识别培养领导者、打造企业文化、雇主品牌、推动企业组织变革等能力。

五、转行做 HR 需要具备的强有力的内外部支持系统

转型突破职业瓶颈是需要强大动力的，而这种动力不能只依靠自己的意志力，没有内外部支持系统的意志力或转型动力

很容易受到强压而崩塌。

这里我想分享一个强有力且实用的工具——内外部支持系统，它不仅可以在转型过程中起到很好的支撑作用，也可以在职场生涯的各个关键节点起到支持辅助的作用，图3所示的是内外部支持系统。

图3　内外部支持系统

双系统支持体系包括内部支持系统和外部支持系统。

内部支持系统包括转型时的能力建设和心理素质。能力方面不用赘述，快速练就HR的专业能力一定是转型时期树立自信心的强大基础。心理素质是指你是否拥有较强的抗压能力、逆境情商、"吃亏"心态和非玻璃心的"小强"心态，还有一个重要的指标——转型的欲望。

分析位晨的内部支持系统，她具备很明显的"吃亏"心态

（两次降职降薪、多次异地调动）、"小强"心理（把批评和压力转变为动力）、逆境情商和抗压能力（黑莓公司对待"关门工作"上的职业表现），你还能看到她身上的另一项特质——欲望，位晨的欲望是进入更大的平台，拥有更大的影响力，在成就自己的同时可以帮助更多的人。

复盘位晨的职场生涯，如果你单看她温柔的外表，你绝对不会想到这样一位貌似柔弱的女子，居然可以在短短 10 年快速晋升，并达到许多人耕耘许久也未曾达到的职场高度。我认为位晨的骨子里有一种强烈的欲望，除了她提及的可以帮助和影响更多的人，其实她还有一种在职场里巾帼不让须眉的刚强，有一种持续挖掘自身潜能直到极致，以及追求职场高度的欲望。

位晨的外部支持系统包括她的家人和贵人，贵人又包括她职场上的导师、教练、支持者等。

家人在职场人的转型过程中可以发挥非常重要且积极的作用。位晨这点做得很好。一方面她没有因为只关注自己的职业发展而疏忽了对孩子的教育，对爱人和母亲的关心；另一方面她还主动与爱人、母亲和孩子达成共识，在一些关键转型和生活节点获得他们对自己事业发展的鼎力支持。

每个人在职业生涯中都应该有自己的职场贵人，无论是公司内部或外部的职场导师、教练，还是伯乐、为你背书或提拔你的领导、朋友等各类支持者，这些外部支持是不可或缺的支撑力量，尤其在你遇到瓶颈需要转型的关键节点。职场人可以把自己在瓶颈期或转型时所经历的困惑与导师分享，让导师为你指点迷津；可以把教练当成一面镜子，通过教练来助你向内思考，挖掘转型内在的动力源泉。

在转型过程中寻找一位外部职场导师，对于转型过程前中后的各种不确定性、自卑怀疑或否认自我、HR 在不同行业的前景以及所需的具体的软硬实力等问题，都能获得解答和帮助。

中途转行依然可以快速得到职业晋升，位晨只是万千精英中的成功先例之一。希望她的故事可以让你有所启发，在寻求自己的转型突破之前，你需要清晰地了解自己的专长，规划好自己的职业生涯；转行后需要持之以恒地在一个领域慢慢耕耘，你也许还需要克服许多障碍：职位薪水的下降，走出心理舒适圈，地域城市的变换，亲人朋友不一定在你身边时刻支持你……但是心中拥有了信念并能坚持不懈地努力，你一定会在转型中拥有属于你的那方天地。

总之，在你选择了自己需要进行职业转型的目标后，就不要摇摆，不要迟疑，坚定地朝着自己选定的目标大踏步前行。有位晨这样的职场前辈在前方等着你，你一定可以实现职场的转型突破，成就非凡的自己！

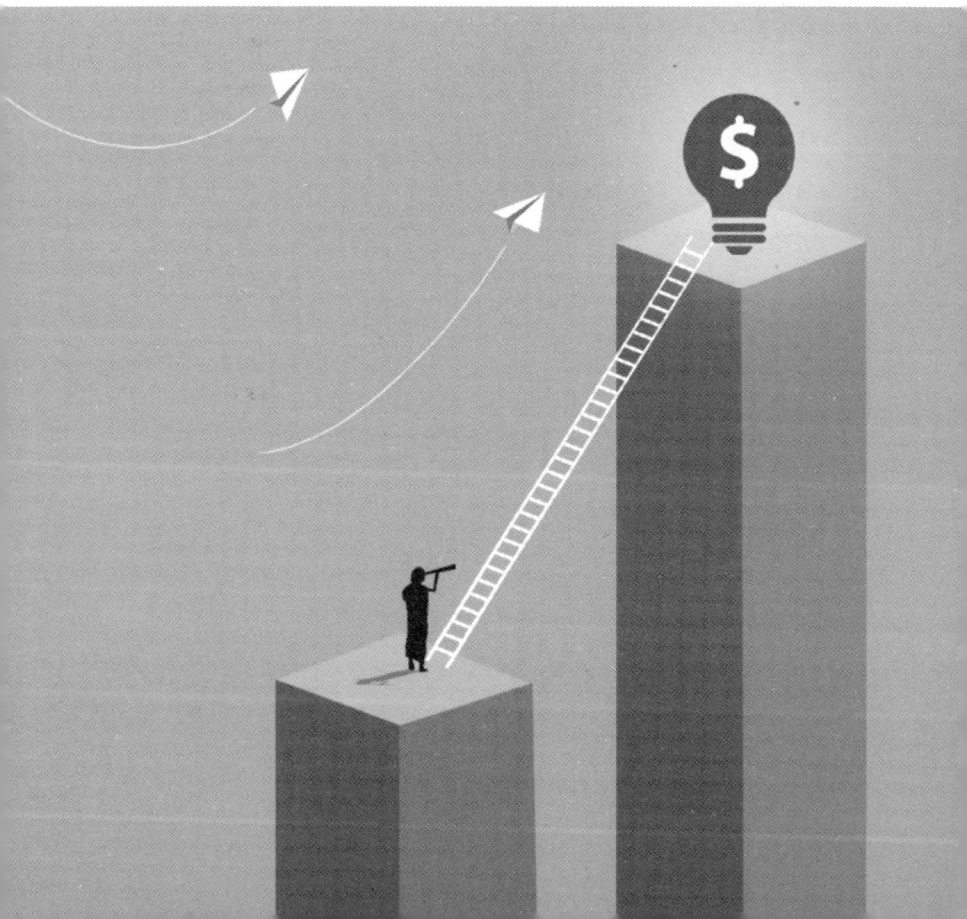

另类思维，勇敢尝试，
开启精彩的斜杠人生

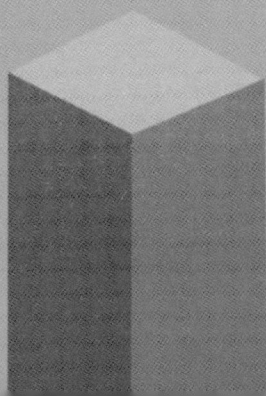

薛毅然，从大学教师转型做到地产集团的人力资源总监，再次转型做到知名咨询公司事业部的总监。目前，她的身份是人力资源独立咨询顾问及个人职业发展顾问，薛毅然成为自由职业者，已经走过了 8 年时光，成就了精彩的斜杠人生。

"活着，就是为了体验不同的感受，并按照自己的意愿生活；每天都有新体验、新尝试，每天都进步一点点。"

"我从未撞过南墙，因为，我一直朝北走。"

"未来我的墓志铭上应该刻着 3 个字'在路上'，我很享受人生过程中各种丰富多样的体验。"

这些话来自薛毅然，她最被人熟知的身份是"在行平台"上的"网红"——已过千单职业话题的咨询师。

同为职业生涯咨询师，我结识薛毅然已有几年。在我的眼中，薛毅然很像一只特立独行的猫，她既没走完踏踏实实的职场之路，也没进入轰轰烈烈的创业之旅，反而拐入一条僻静的小巷，开启了她独自闯荡江湖的斜杠人生之旅。薛毅然的非典型职场人经历为她开辟了与众不同、精彩纷呈的职场和事业体验。作为 HR 独立顾问，薛毅然身上有几个典型特点：专家型人才，钟爱学习新事物，崇尚自由、独立，喜欢单打独斗，不喜欢团队协作，凡事喜欢亲力亲为，是一个完美主义者。

在很多大公司，工作多年的"被下岗"老员工越来越多，企业平台似乎变得越来越不能完全依赖。在国内企业原本 35 岁才可能成为总监，但在高速发展的企业里，30 岁左右就有可能快速升职为总监。这给很多做到高级经理或总监的职场人带来双重压力，年轻下属的快速成长可能顶替自己的压力和自己进入高层的挑战。30 ～ 35 岁通常已为人父母，职场女性还需要平衡好事业和家庭。除了辞职回家做"全职妈妈"，暂时放弃自己的职场生涯之外，她们更希望多一些事业上灵活机动的选择。

在职场上做到人力资源高级经理或总监的朋友，职场上升空间有限，瓶颈难以突破。无论是遇到工作与家庭的平衡问题，还是因为想尝试自由职业，他们都会产生从事人力资源独立顾问工作的想法。分享薛毅然的成长故事，我希望为这些 30 ～ 35 岁的职场人提供一条转型之路——成为自由职业的独立顾问。

从办公室主任到人力总监

大学毕业后，薛毅然在内蒙古自治区做过几年大学教师。教师的工作非常稳定，但她感觉挑战不大。2000 年她在北京师范大学拿到了经济学硕士学位，为自己转型进入职场做好了知识准备。

硕士毕业前，薛毅然思索着自己的职场定位：虽然学的是经济学，CPA 考过三门，可以从事财务工作，可她本人对数字并不那么敏感。薛毅然咨询过职场朋友，旁人分析她的外向性格和教师身份很适合做人力资源，经过考虑，她决定进入人力资源领域。

2000 年，薛毅然刚加入房地产公司嘉铭集团时，职位是办公室主任，并不是人力资源专业岗。可聪明好学的她很快就在集团获得了学习和表现的机会，得到领导的信任，进而在人力资源领域深耕了 7 年，直到成为嘉铭集团的人力资源总监。

薛毅然不是人力资源专业出身，也没做过 HR，但公司处在成长期，领导愿意给年轻人机会，虽然公司有专门的人事经理，但董事长还是派她参加了 HR 专业培训，回来之后就让她与人事经理一起工作。

可能是薛毅然初出茅庐、胆子大、气场足、冲劲儿高的原因，董事长经常一边让她做集团 HR 工作，一边又把她当成一把"尖刀"，切入集团的各个子公司，让她协助开拓新公司的同时关闭业绩差的分公司。当时，各分公司总经理和人事经理都只把薛毅然当成一个乳臭未干的黄毛丫头，并没把她放在眼里。现在她还记得，一个看似温和、实则情商颇高的元老级分公司总经理，第一次见到她就直接给她"下马威"的样子。

薛毅然真心感谢第一次参加的外部专业人力资源培训，她从培训师那里学到一个理念：人力资源部门的定位不仅是一个服务部门，它与市场部、销售部一样，是公司独立的重要职能部门，所以她在心理上不会处于弱势，可以帮助董事长做一些老员工做不到的拓展业务或者得罪老员工的事情。

在房地产公司，从 HR "小白" 经过 7 年时间快速做到人力资源总监，薛毅然有 3 个特点助她快速晋升。

第一，紧贴业务线。薛毅然做了很多开拓业务和关闭公司的事情，也许是经济学出身让她对业务的敏感度比普通人强，又或许是她平时积累的知识面比较广，这让她没有埋头掉进人力资源的具体工作中，所以她与业务部门在一起的时候更愿意谈论财务专业术语，令很多业务部门的人曾误认为她就是业务出身，因而没有小看她只是一个 HR。

在职场上，薛毅然没有把自己局限于专业领域的小圈子，只关心自己人力资源的"一亩三分地"。相反，她更注意"抬头看天"和"转头看身边"。她很清楚，职场人是在一个组织中工作，如果只关注自己的独立性，不与同事、内外部客户以及老板积极互动是行不通的。所以，她在做好自己本职工作的同时，一直能够紧贴业务线，与业务部门保持频繁的互动沟通。

第二，永远比老板提前想一步。薛毅然在地产公司最多的工作之一就是招聘新人。可她没有走传统的招聘路线，即需要人的时候才登广告招聘，她一直在用猎头的方式储备人才。平时没事儿的时候，她就上网查询各种候选人简历，即使公司暂时并不缺这方面的人才，她也会做很多人才储备，甚至提前面试。所以当业务有需求的时候，她可以第一时间告诉董事长，在哪儿可以找到这样的人并及时引进人才。

有一次，老板与财务总监提及公司想做财务全面预算管理，当时的财务总监对此事并没有引起足够的重视，这件事情其实与薛毅然无关。可一次偶然的机会她去外面听课，知道一位老师对这个领域很有研究，他也愿意做企业项目来进一步验证自己的研究领域。于是薛毅然悄然记下了这位老师的联系方式，等到老板开始强力推行这个财务项目的时候，薛毅然轻松地引荐这位老师和老板见面沟通，并促成公司聘请这位老师来做财务项目课题研究，为领导解了燃眉之急，薛毅然也因此获得了董事长的认可。可见，在职场上，永远比老板提前想一步、走一步，是极其重要的。

第三，欣喜拥抱变化。在嘉铭公司，有 2～3 年的时间，薛毅然因为要处理总分两个公司的事情，每天都在晚上八点以后才离开办公室。即便如此，她不但没有怨言，反而欣然接受各种新的任务或项目。

在嘉铭近 7 年的时间里，薛毅然一共换了五任直属上司，几乎每年换一位上司。如果没有一定的适应变化的能力，她是很难接受这种高频的人际变化的。

正是薛毅然这种不喜欢墨守成规、喜欢新鲜事物、欣喜拥抱变化的心态，让她可以在这家公司快速成长为一名人力资源总监。

转型逆行辟新径——甲方跳槽乙方，HRD 变身咨询顾问

在嘉铭集团的第 7 个年头，薛毅然已经接近 35 岁，工作生活达到了基本的平衡，进入了自己的舒适圈。时间久了，她越发感到自己遇到了职业瓶颈——已经做到人力总监，如何突破自己？下一步走向何方？她不断地问自己：公司很好，董事长对我一直不错，我已经做到了总监，我就继续这样走下去吗？我究竟想要什么？我的职业生涯应该怎样发展才是正确的？

薛毅然咨询了身边的一些朋友，慢慢理清了自己究竟想要什么：她希望获得更多的人生体验，希望获得更多自由掌控生活的能力，希望未来可以从事自由职业。因此她需要了解真正专业的人力资源体系，为自己成为人力资源方面的独立企业顾问打下基础。

薛毅然属于嘉铭的元老员工，本身并不是 HR 出身，虽然有外部的 HR 顾问在辅导薛毅然从事 HR 的工作，但薛毅然还是觉得经过系统专业的训练才能为未来的专业性打好坚实的基础。好的咨询公司是提升行业专业能力的"黄埔军校"，通过了解，薛毅然想进入咨询公司学习的意愿就更加强烈了。

去乙方咨询公司历练，对于未来想做独立咨询顾问的她是

很有价值的。因为咨询公司的背景会为她在专业知识、行业技能和客户资源方面提供背书。加入乙方，一方面可以让她获得角色和眼界的转换；另一方面会让她结交更多甲方的朋友、积累更多有价值的资源，这些资源会成为她日后宝贵的客户资源。

因为薛毅然在嘉铭的时候就与国内知名的佐佑咨询公司合伙人认识，并与他们一直保持着联系。所以当薛毅然有了转型的想法，向其中一位合伙人提出想尝试进入他们公司做顾问的时候，合伙人爽快地答应了，并让她进入公司面试。

薛毅然能顺利地从甲方进入乙方咨询公司，除了自己搭建的人际关系让她有了咨询公司推荐人之外，她还具备以下两个条件。

第一，加入咨询公司需要具备超强的学习能力和表达能力。薛毅然当老师的那几年经历没有白费，教师的身份让她得到很多的历练，她已经具备了这个基础。

第二，咨询公司需要面对客户和事物的复杂性和多样性。薛毅然在嘉铭参与业务相关的工作经历，可以轻松说服上司的能力和信心，让她具备应对人际关系与业务复杂性和多样性的能力。

虽然薛毅然从嘉铭地产进入乙方佐佑咨询公司还算顺利，但她进入后，也面临不少挑战，总结起来有以下 4 个方面。

第一，在乙方工作的思路、方法、策略与在甲方都不相同。

客户的需求不同，解决问题的思考模式就不同。甲方的思维模式相对简单，只要搞定老板和内外部客户即可；而在乙方，在面对不同行业、不同类型、不同级别的客户时，薛毅然除了需要具备快速的行业和业务知识学习能力，还要让各类客户认同她，欣然接受新入咨询行业的她为其提供服务。

第二，在甲方，她已经做到人力资源总监，日常工作有团队分担支持；刚加入乙方时，她发现很多项目里的小事都没有人帮忙，自然会有心理落差。因为乙方的组织架构相对扁平，一般是项目制，没有助理或秘书去分担各种杂事，咨询顾问在很多事情上都需要亲力亲为。

第三，在乙方，很多级别比她低的顾问，对待项目的熟练程度和处理客户问题的能力都比她强，这时她就告诫自己：放平心态，虚心学习，耐心求教。

第四，在乙方，咨询顾问类似甲方的销售，根据不同客户的需求，出差和加班是家常便饭，工作经常凌晨下班，这也是很多人在乙方工作感觉辛苦的原因。

在咨询公司工作近三年的时光里，薛毅然如饥似渴地学习各种 HR 专业工具，如各种人才测评、岗位薪酬、组织架构搭建等，并积极参与各类客户项目，这为她日后成为 HR 独立咨询顾问打下了扎实的咨询功底。

薛毅然从甲方换到乙方的转型突破，为她日后转型成为自由职业者——人力资源独立咨询顾问奠定了非常重要的基础。

转型做自由职业者——人力资源独立咨询顾问

2009 年年底，薛毅然从咨询公司离开，准备做独立咨询顾问，身边的一些朋友知道后给她推荐了一些项目线索，也会给她介绍一些客户，大概一年半左右的时间，就有了 4 个稳定的客户，而且这种常年顾问服务的收入基本上可以满足日常生活所需，让薛毅然的自由顾问之路走上了正轨。

薛毅然辞职后，诱惑一直都不少，除了甲方的工作，一直有朋友想拉她出来创业或者去做公司合伙人。薛毅然仔细分析，自己定下的原则是以兼顾女儿与自己擅长的 HR 独立咨询顾问为主，自己不能全身心地投入专职工作，那么答应创业对对方来讲就是很不负责任的事，所以她婉拒了那些机会。

薛毅然遇到诱惑和抉择表现出两个特点：第一，定力不错，不会因为诱惑而放弃自己的选择；第二，自我认知很清晰，知道自己擅长什么，想要什么，不会盲目跟风或妥协。

有了常年咨询顾问的企业客户，薛毅然很坦然。刚开始做 HR 独立咨询顾问的那几年，薛毅然还是有点贪多，4 个客户，每位客户每周需要一天的时间，她每周只有一天可以休息。慢慢地，她对常年客户进行取舍，留下两家优质客户。这样，她多出来的时间除了可以很好地照顾女儿，自己还可以从事另一项自己喜欢的自由职业。

薛毅然的企业咨询项目已经做得比较娴熟，学习欲望强烈，不甘于现状的薛毅然从 2014 年开始尝试各种好玩儿的新鲜事物。

一个朋友的音频自媒体创业项目叫"蓝莓五分钟"，请薛毅然来做嘉宾，免费在节目中分享如何选人、如何竞聘、如何做小组面试、如何"搞定"老板、如何填报高考志愿等。不知不觉间，薛毅然就做了 100 期，后来，有很多找她做个人职业咨询的客户都是通过这个音频节目认识她的。

2015 年，一家国内自由职业交流平台出现，让薛毅然欣喜若狂。通过平台，她可以用一对一的方式帮助职场人做咨询。薛毅然是第一批尝鲜进入这个平台的职业生涯咨询师，加之辛勤耕耘，迄今为止，她已是这个平台上个人接单超过 1000 单以上的行家，薛毅然在职场话题栏目排名遥遥领先。

当年，她还尝试在中央人民广播电台的一档职场节目——"SOHO 新势力"里担任嘉宾。每期的话题她都尝试用比较接地气的方式呈现给大家，如"大城市一张床，小城市一间房，你选哪个？"每周一期，每期两小时。半年的节目时间，让薛毅然快速提高了口头表达能力，同时也变成了"故事大王"。她把当咨询师时接触到的职场故事在节目中分享出来，希望可以帮助更多的职场朋友。也正是由于这档节目，更多的听众朋友后来选择请她来做咨询。

2017 年，她迷上了盖洛普优势测评和积极心理学。学习了优势测评后，她在企业客户和个人咨询客户那里用 6 个月的时间积攒了 200 多个案例；同时她还在清华大学选修了积极心理学。

2018 年，薛毅然又迷上了幸福成长小组，目前她正在积极地学习实践，忙得不亦乐乎。

"7"是薛毅然人生中一个幸运数字，薛毅然喜欢做 7 年计划。21 岁她大学毕业，28 岁研究生毕业进入职场开始从事甲方的工作，35 岁从人力资源总监转型去做乙方的咨询顾问，42 岁计划在下一个 7 年做好一个"幸福成长伙伴计划"。也许是在帮助创业老总们做教练的时候发现他们创业过程中的痛苦，也许是在给职场小伙伴们咨询的过程中发现他们的无助与不幸，也许是她逐渐发现她对人最感兴趣，所以萌生了这个念头，目前她正在努力践行这个 7 年计划。

薛毅然被很多认识的人戏称为"哆啦 A 梦"，因为她喜欢尝试各类新鲜事物，变着花样给别人解决问题。薛毅然从不认为 40 多岁就不能体验多样人生，她对整个世界充满好奇心的状态，像极了"哆啦 A 梦"——"活着，就是为了体验不同的感受"。

自由职业，没有老板管控，薛毅然喜欢给自己下 KPI（关键绩效指标）。每隔一段时间，她都会给自己找点儿新鲜刺激且有挑战的任务，提升自己的创造力。这些具备开创性、创新性的任务，尽管当时不能给她带来直接收入，但是这些尝试、历练和投入就像一粒粒种子，慢慢地在适宜的土壤中生根发芽，就像个人职业生涯规划师的作用一般，在未来的某个时间点如雨后春笋一般破土而出，给薛毅然的斜杠职业发展带来加速。

薛毅然内心对未来还是有一些焦虑的，不能停滞不前，一定要多做一些探索和尝试；她是一个好奇心爆棚的人，她享受这种不断探索的愉悦感。也许正是因为这些底层的性格特色，薛毅然才会迈入一条独立小径，不断探索自己的潜力底线，不断尝试新生事物，从不回头地在自由职业的道路上独自闯荡。

目前，薛毅然一边做着企业 HR 独立咨询顾问的工作，一边做着个人职业发展顾问。未来，相信她还会挖掘自己更多的潜力和喜好，开辟更多的斜杠自由职业之路。

—————— 采访对话精彩还原 ——————

肖　维：在你的职场之旅中，是否有一条主线引领你前行？

薛毅然：我应该是一个被好奇心驱动的人，无论对人还是对事物，我都喜欢追本溯源。对于多元丰富、新鲜多样的业务或人群我都充满好奇心，本能地想去揭开其神秘面纱，以探究竟。我从甲方跳槽乙方的经历其实可以说明，我认为在甲方具体的工作中，接触的人较少，由于公司内部的结构复杂，沟通成本较高；而乙方的身份却可以让我了解更多的人，接触更多不同类型的业务。例如，我们接触的客户可能是工业仪表公司，也可能是事业单位，还可能是美国的广告公司，这非常有趣，让我的认知宽度有了很大的拓展。作为个人职业发展顾问也是一样，你可以想象 1000 多人约我咨询个案的时候，我可以接触多少类型的人物。想到凭一己之力可以帮助这么多人，是一件很酷的事情。

肖　维：对你职业生涯影响最大的一件事是什么？

薛毅然：对我影响最大的一件事，是我在咨询公司工作的时候，我们帮助一家集团公司进行重组。我悲哀地发现，一位兢兢业业工作多年的 44 岁的中年技术人员，却被一位工作没多久的 32 岁的年轻硕士生给 PK 下去。当时的我已经超过 35 岁，我突然意识到中年职业危机是件多么可怕又是多么近在咫尺的事情。所以后来当我在做职业生涯咨询师时，我希望可以通过我的力量帮助更多的职场人做自由职业者，能够用自己的力量获得职场安全保障，而不要重演那个技术人员中年"被下岗"的悲剧。

肖　维：以你的观点，谁是适合做打工贵族／自由职业者／创业者？这些人的不同点在哪里？

薛毅然：我觉得绝大多数人应该还是适合做打工族的。因为在成熟稳定的平台，可以令多数人得到发展和锻炼。但职场这个平台的缺点就是你并不知道你能否平稳地做到退休。适合创业的应该是一部分人，这类人需要极强的内驱力和抗压能力，为了做成一件事，他们具备打不死的"小强"精神，A 项目不成功就改做 B 项目，B 项目不成功就再做 C 项目。总之，困难是完全打不倒他们的，这样的人才适合成为创业者。

我认为自由职业者，实际上是自我创业者。做自由职业者，需要具备以下能力：

一技之长——最好足够专业；运营自己的能力；客户销售能力；愿意借助与渠道平台的合作来营销自己并与平台进行利益分配；调动各种人际资源的能力，如果你离开职场后只想依靠自己的力量是行不通的，也是远远不够的，因为你第一个要面对的问题就是客户资源从何而来；极强的自律能力和定力，你面对的挑战是个人能力需要随时提升，你还会面对很多焦虑和不确定性。

上面所有这些自由职业者遇到的挑战，都是你在冲动裸辞之前需要提前深思熟虑的。

肖　维：你怎样理解做自由职业者也要不断投资自己的这个说法？

薛毅然：很多朋友也许不理解，自由职业者挣钱就好了，为什么还需要花钱投资自己？随着客户的需求、时代的进步，独立咨询顾问每年都需要投入时间和金钱不断地提升自己，更新迭代自己的知识体系和经验观念，类似于做企业的产品研发，自己的经验和能力如果不能与时俱进，就很容易被市场淘汰，所以顾问不是随随便便只依靠过去的经验就能蒙混过关的。

肖　维：能给大家描述一下你作为自由职业者——HR 独立咨询顾问的典型日常吗？

薛毅然：大家都说自由职业者这份事业好呀，最重要的亮点是自由。大家都很羡慕我们既可以赚钱、顾家、养娃，又可以自由安排自己的时间。如果在现实生活中，自由职业者真的像大家想象的那样，估计很多人都辞职去走这条路了。

其实做自由职业者真的不像大家想象得那样轻松。在我最开始做 HR 独立咨询顾问的时候，是很焦虑的，因为我不知道下一个客户、下一个单子在哪里，说通俗点儿就是吃了上顿饭需要去找下顿饭，所以除了手中的项目工作，我需要每周列出朋友名录，与他们不断探讨来寻找下一个可能的客户和项目。时间过了三五年后，业务慢慢跑开了，我找到了做独立顾问的规律；但同时，我的视野也有了局限，又出现了新的挑战需要去应对。

我的感悟是，自由职业者必须能够更好地规划自己的时间。你要想清楚：今天你把时间投在哪里，明天的花儿就会开在哪里。所以除了要关注当下的事业，你还需要未雨绸缪，否则有一天你可能发现你的旧业务不能延续，而新业务真的有可能很久都找不到。这种挑战在于很多方面你都要考虑周全，不能仅仅考虑当下，当下业务和未来新业务规划的这种持续的动态平衡，需要一段时间你才能慢慢找到感觉。所以我认为优秀的自由职业者必须具备一个素质，即自律性管理。

我转做 HR 独立咨询顾问也是希望给女儿更多的陪伴。我做独立顾问已经快 8 年了，但对于平衡我的咨询业务和陪伴女儿一直都是一个挑战。例如，女儿放寒暑假，我该如何平衡陪客户和陪女儿。我的方法就是，工作日我一定会在晚上 6 点左右回到家，晚上的时间我尽量都留给女儿，周末的时间我让我先生多陪伴女儿，我可以去处理客户留下来的一些事情，这样我们就可以错峰来照顾孩子。

肖　维：你可以讲讲你对工作与生活平衡的理解吗？

薛毅然：很多人都说过，在乙方尤其是咨询公司的成长会双倍于在甲方的成长，当然辛苦程度也是双倍。在乙方咨询公司 3 年的日子相当于我在甲方工作了 5 年。除了 HR 领域和专业知识技能方面有了质的飞跃，我觉得自己仿佛也老了 5 岁。长期出差和加班让我的身体有些吃不消，也给女儿的成长带来了一些影响。女儿在幼年成长的最关键的 3 年里缺少了我作为母亲的亲子照顾，胆小、内向、不自信，后面我用 7 年的时间来弥补她，这也是我当时过于追求事业发展所要付出的家庭代价。

作为职场妈妈，既要关注孩子的正常成长，还要兼顾家庭生活的平衡，又不想放弃自己的事业发展，着实不易。环顾周边孩子健康成长而又兼顾自己发展的职场妈妈们，她们在孩子成长过程中的一些关键节点，如幼年、小学和青春期等，是暂时放缓自己事业上的冲刺节奏，跟家人一起共同陪伴孩子度过的。舍得舍得，有舍才能有得，有取舍，才能有相对的平衡。完全达成所谓的工作与生活平衡是个伪命题。重要的是，你要了解，在什么阶段，你应该做哪些生命中最重要的事情，而不是什么时间段都要追求所谓的平衡。

肖　维：你给同样想转型、突破职场瓶颈的朋友们的三个建议是什么？

薛毅然：**第一，跳出舒适圈**。遇到问题和挑战，不要只闷头自己想，走出来找朋友和前辈多聊聊，跳出自己的认知范围，可以避免自己在错误中转圈圈。

第二，勇敢尝试。我们犯了错误也是有价值的，学习和实践的过程很重要，不要前怕狼后怕虎，错过一年又一年，理想永远无法照进现实。

第三，目光要长远。不要太计较突破或转型带给你的一些收入或职位的变化，当下的收入与未来成长带来的收益是不能一概而论的，眼光要放得长远一点。举个例子，我当年从老师角色转型进入企业的时候，在收入上每个月降低了几百元。当时的几百元不是小数目，现在看起来其实根本不值得一提。如果我真的计较一时的收入减少，我可能就会错失一个好机会和一个让我快速发展的好平台。

肖　维：最后，请送给年轻的职场人一句话。

薛毅然：比职业更重要的是幸福成长。发现自己的天赋优势，做自己擅长的事情并勇敢地坚持下去，你就会领略不一样的人生风景。

──────── **职场攻略** ────────

从事自由职业的 HR 独立顾问不是 HR 从业者想当然就能做到的，会面临很多挑战，也需要做很多积累和准备。我先来简述独立顾问所需要的特质和能力，接着会指出自由职业会面临的挑战，再来分析从事 HR 独立顾问需要做哪些准备。

一、独立顾问所需的特质和能力

独立顾问要具备 3 个特质：独立的思维方式、独立的知识经验以及独特的视角。独立顾问，是经过长时间的实践积累造就的，拥有几项核心能力。

1. 卓越的专家型人才

独立顾问，往往是在他们所处领域里的跨行业经验丰富的实操者或者有咨询公司经验的业务顾问。他们能很清晰地梳理和判断不同类型项目客户的问题，在沟通中快速发掘问题关键点，结合咨询理论和方法以及客户的实际情况，给予客户一个契合的解决方案。

2. 拥有系统的理念和知识体系

独立顾问往往在某个领域具有深厚的专业造诣，他们的研究和理念都是经过多年实践，通过自我沉淀总结出来的，从而形成了自己独特的理解和成果，形成了系统的理念和知识体系。

3. 与各类客户沟通交流的综合能力

独立顾问需要面对各行各业各种类型的客户，这就要求顾问具有横向跨行业快速学习的能力、开拓各类客户的营销能力、人际交往的应变能力等综合能力。

在与薛毅然平日的沟通交流中，我发现她的思路与常人相比更加清晰，讲话能抓住重点，并能明确地落实到行动，快速梳理出下一步行动的关键步骤。即便在平时的聊天中，一个独立顾问需要具备的综合核心能力也能在她身上很清晰地显现。

二、从事自由职业的独立顾问会遇到哪些挑战

图1所示的是常见的从事自由职业的独立顾问会遇到的挑战。

自由职业者，一个人即为一家公司。自由职业的独立顾问非常挑战人的全线能力。

以 HR 独立顾问为例，这份自由职业涉及营销（树立自己的个人品牌）、销售（向企业客户推销顾问服务）、产品研发（寻找解决方案）、生产（提供服务）、售后（对咨询方案落地实施或项目完成之后的支持）、财务（收款以及服务期间的预算花销）、行政（所有相关事务，包括各种方案的制作、打印等）、人力资源（决定是否需要雇佣团队人员进行项目辅助），等等。整家公司的全线流程都需要顾问一个人负责。

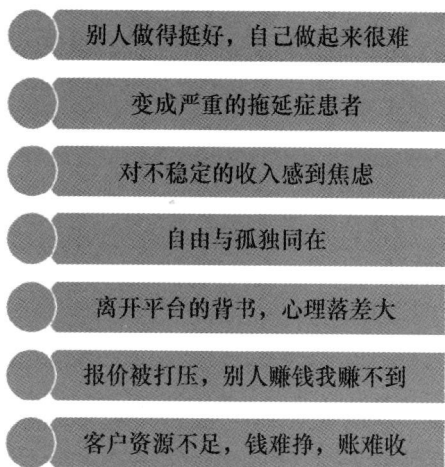

图 1　从事自由职业的独立顾问会遇到的挑战

转型做自由职业者，很多人会感觉吃力，原因是多数职场人虽然具备较强的专业技术能力，是个很好的内容输出者或者服务运营者，但是在推广销售自己或者找客户这些自己不擅长的领域就会举步维艰。在最初的两三年，有些朋友尽管做得很辛苦，但收益甚至不能保障自己的基本生活。

除了不断提升自身的专业能力以外，做自由职业独立顾问的挑战主要有以下 4 个方面，如图 2 所示。

第一，客源压力。独立顾问除了要让自己的专业技能时时"保鲜"，按需进行包装以外，最重要的一项能力是拓展客户资源。从事独立顾问是很多 HR 的职业规划目标，但现实情况却不容盲目乐观。究其主要原因是国内顾问市场并不如国外的顾问市场成熟，很多国内企业尚未接受除咨询公司以外的独立顾问来给企业提供服务，而且有些顾问除了企业内部经验并没有咨询服务背景等。所以，如果你想转型做 HR 独立顾问，你第一个遇到的挑战就是客户资源，有了稳定的客户资源才能让你有项目和收入。对于一直在企业从事人力资源的职场人来说，这是多数人比较欠缺的重要能力。

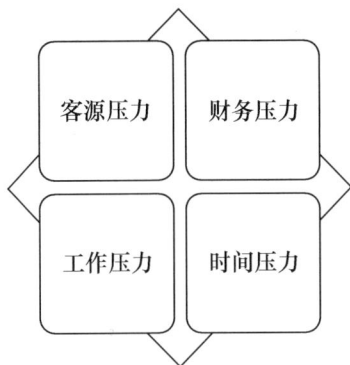

图2　自由职业独立顾问的挑战

第二，财务压力。自由职业者的收入完全依靠个人"业绩"，自己的工作状态直接决定收入的高低，加之客户关系不稳定，收入时有时无很常见。医疗保障和养老保障不足、缺乏理财意识等都会给独立顾问带来不小的财务压力。

第三，工作压力。你也许已经身为经理或者总监，手中的杂事或者不擅长的事可以由助理或者其他部门的同事来分担。但现在你是独立工作者，你没有现成的团队，你拥有的也许是虚拟或兼职的合作伙伴，所以你需要承担比在职场上更大的工作压力。

第四，时间压力。这是转型做自由职业者面临的最大的误区，所有人都认为自由职业者的时间最自由，其实这个自由是有代价的。因为在工作中你要满足不同客户的需求，一旦项目来临，你可能会"忙死"；没有项目的时候，又会陷入"闲死"但没有收入的尴尬境地。所以，自由职业者并没有人们想象中那样高的时间自由度，也并不像我们想象得那样逍遥自在，他们的压力来自精神深处。"痛并快乐着"，也许是他们最真实的写照。

要克服上面的挑战，需要从下面4个方向做出努力，如图3所示。

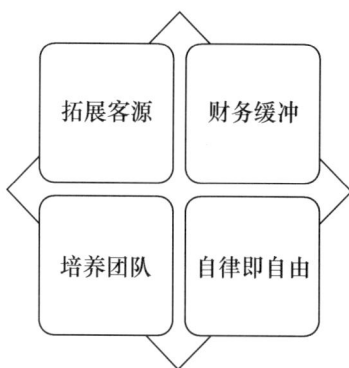

图3　自由职业者面对挑战4个准备方向

第一，拓展客源。在平时的工作中，你既要注意自己社交资源的拓展，又要把自己看成一个有机体，你需要时刻保持与外界的沟通、整合，借力各种平台和资源，拓展多种社交圈，适当的时候可能还需要投资并经营自己的人际资源，保障自己的客户资源和项目来源。同时，你还要培养自己的自我营销能力，打造有特色的个人品牌。

第二，财务缓冲。你需要储备至少6个月的生活备用金，一旦出现现金流断裂，你不会因慌张而被迫中断自己的独立顾问生涯。同时，作为自由职业者，你也需要留意自己的理财计划。

第三，培养团队。为了应对时松时紧的项目时间要求，在非常紧张的项目期间，你可能需要临时帮手，所以培养好自己的一个项目小团队，可以未雨绸缪地应对日后的工作压力。

第四，自律即自由。想要获得时间上的自由是有代价的，自律的工作和生活才能换来时间上真正的自由。只有自律的生活才能保证高质量的产出，自控力不足的话可以建立一个长期目标和若干个短期目标，了解自己每天哪个时段的工作效率最高，合理安排工作、健身和休息。

三、成为薛毅然那样的 HR 独立顾问需要做哪些准备

一些年轻的 HR 朋友比较着急，还没有在职场上工作几年，对自己的职业规划就已经非常高远——希望自己几年后可以成为企业咨询顾问。我的建议是先不要着急，你除了需要在甲方企业历练培养自己的专业能力外，最好可以在乙方咨询公司学习专业的咨询体系，否则，几乎没有企业客户会请你来做顾问。

从职场 HR 转型做 HR 独立顾问，可以从下面两个方向着手做准备。

1. 新视角——勤学习，有加持

如果你原来在甲方公司工作，那么你做独立顾问遇到的最大的挑战将是你的身份变成为甲方提供服务的乙方了。身为甲方，那些供应商都是围着你转的；而现在你是乙方，你是原来供应商的身份，如何向甲方推荐你自己，如何找到合适的甲方作为你的客户是你需要思考的第一个问题。所以职场转型，你首先要转换的是自己的身份和心态，这也是比较难的第一步。

作为企业咨询顾问，如果你之前没有做过乙方的专业咨询顾问，摆在你面前的第一个困难可能就是咨询方法的掌握，有些企业客户是比较看重这项能力的。因为除了你在甲方的实践经验，客户会更看重你在其所处的行业里是否有经验。即便你曾在几个行业里都做过甲方，但你也不可能在任何一个行业都是专家。而那些有乙方工作经历的人的这部分能力就会凸显出来。所以，你要思考如何弥补。

如果你还年轻并且也有学习历练的时间，你可以像薛毅然一样转去乙方咨询公司工作，进行系统学习；你也可以组建一个顾问项目小组，配备有乙方咨询经验的成员与你共同工作。

学习能力是一种自律的能力，当你要做独立顾问的时候，这个能力就愈发重要。欲望、好奇心和自我驱动力是激发学习能力的源泉。学习不同的东西，像盘子里散落的珍珠，你要有能力把它们串起来变成你自己独有的知识体系。

2. 借平台——找渠道搭资源

独立顾问是需要个人品牌的，你原来所在的企业的名字再响亮，你若是离开便没有原企业带给你的光环，没有品牌，没有销售，没有客户，光环褪去，你会发现舞台上只有孤零零的自己，而观众席只有寥寥数人。所以，你要学会聪明地借力，借助平台的力量，与平台合作，通过松散合作进行转型历练。

你可以加盟知名的咨询公司做兼职咨询师，为自己搭建平台寻找潜在的客户资源；你也可以与其他提供对接企业服务的平台合作，担任平台上挂靠的独立顾问，借助平台为自己寻找最初的客户资源。

总之，如果你经过评估权衡，确定了自己未来会选择做自由职业的 HR 独立顾问，那就不要摇摆迟疑，坚定地朝着自己的目标前行。

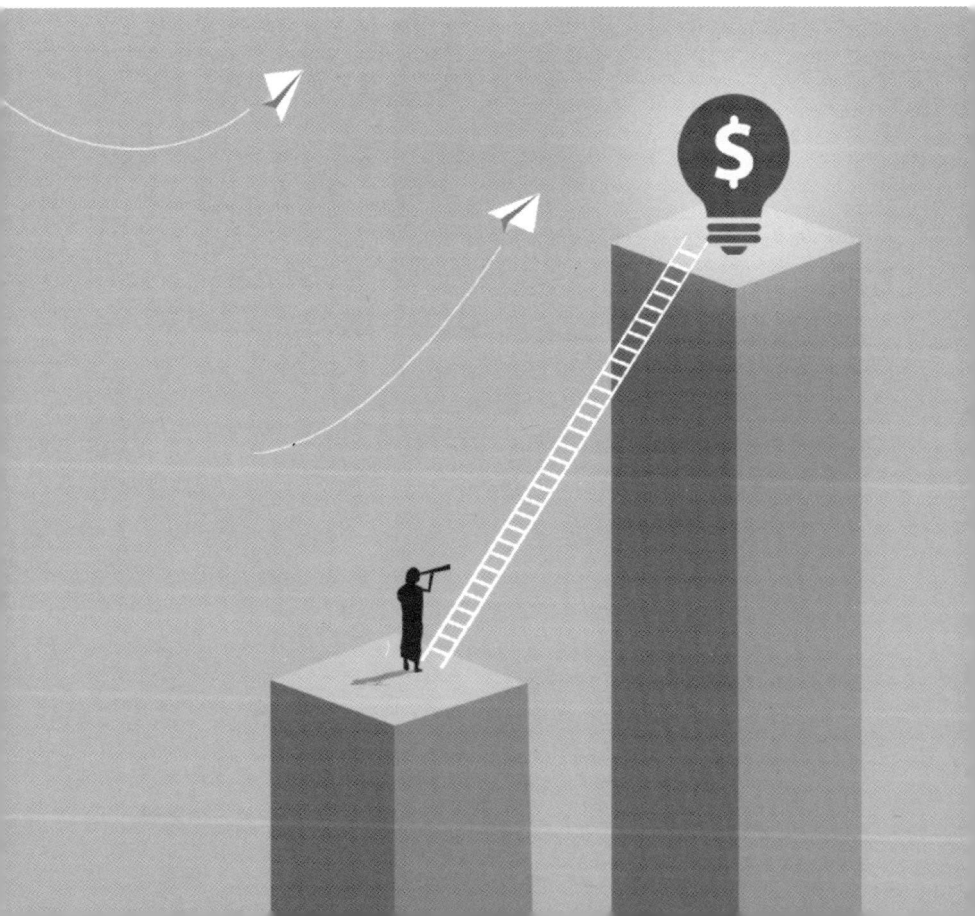

未雨绸缪，从销售代表走向
职业企业家

　　包秀飞的英文名字叫Bob，熟悉他的人都管他叫"包包"。包包外形很特别，脑袋很大很圆，理个流行的"朋克头"，跟"包包"这个昵称极为般配，见过他的人都会对他印象深刻。

　　我认识包包的时候，他是惠氏营养品公司的大区经理，行动力强，业绩出色，有着超强的生意头脑，带出了一支被大家公认为执行力好、战斗力强的团队。后来他加入荷兰皇家菲仕兰，出任中国业务集团首席销售执行官兼乳品事业部董事总经理。他到任后仅仅用了三年多的时间，就把这家企业在中国乳粉市场的份额从第8名带进了前4强，在单一奶粉品牌销售中，美素佳儿品牌在中国销量排名第一，成为业内人士口口相传的佳话。

　　就在我采访包包期间，网媒爆出消息："曾经为荷兰皇家菲仕兰中国销售立下赫赫战功的包秀飞将加盟贝因美，出任贝因美股份公司总经理一职……"我很吃惊，包包在菲仕兰做得风生水起，深得信任和赏识，怎么会突然去一家民营企业，而且是已经濒临ST（退市风险警示）的公司？于是我赶紧打电话跟包包求证。他对我说："虽然离开菲仕兰是个艰难的决定，但这并不是我临时拍脑袋的决定，而是经过半年深思熟虑的结果，这其实也完全吻合我给自己订立的'每跨一步上一个台阶'的目标。"言外之意，这一步其实早就在他对自己的职业规划之中。

随着采访的深入，我进一步发现，在世人眼中职场之旅一帆风顺的商业奇才居然也会遇到职场瓶颈，也会面临艰难的选择。我最欣赏包包说过的一句话，"鸡蛋从外面打破是食物，从里面打破是生命"。我希望这篇"超级包包"的文章，可以给正处在职场发展瓶颈，但希望像包包一样未来成为"打工贵族"的朋友们一些启迪和借鉴。

毛遂自荐，从销售代表起步

包包出身贫寒，小时候多灾多病，这造就了他日后吃苦耐劳的品质。从小学到大学毕业，包包一直是班长和学生会主席，这也练就了他优秀的人际协调和领导能力。大学毕业那年，包包放弃了去北京机关工作的机会，也放弃了进入杭州物价局、浙江省物资局的机会，而是选择了一家民营企业——娃哈哈。当时没人能理解包包的选择，要知道，那可是改革开放的初期，没有人会放弃这么好的"金饭碗"而去一家看不到未来的民营企业。原来，大学期间，其他同学还处在择业的茫然中，坐等家长或者学校给自己"分配"工作，包包早已规划好了自己的职业发展方向——从销售起步，未来要做一名企业家！作为浙江人，他看到本省的娃哈哈发展得非常迅速，正在从一家地方企业走向全国，感觉前景应该很好，于是毕业前，他直接写信给娃哈哈的老板宗庆后，毛遂自荐当了一名普通的销售员。

包包如愿来到娃哈哈，但没有被安排在营销岗位，而是作为培养对象被安排在总经理办公室，帮老板宗庆后做战略和营销规划的工作。他利用在大学期间学到的市场营销知识以及大量的海内外成功营销案例，协助老板制定了一个个有针对性并有独到见解的市场策划方案。可以说，对一个大学刚毕业的毛头小伙子而言，能利用所学结合实际，活学活用，是相当不容易的。而对包包来讲，一毕业就能有这样的机会，是很幸运、很幸福的事情。这半年的工作经历对包包的影响非常大，尤其是让他学会了如何站在老板的角度思考问题。

但是，包包还是想从一线的销售做起，他觉得这样才能近距离接触市场和客户，才能真正了解怎样做生意。半年后，他如愿到了营销岗位，去到远离家乡的东北，做了一名一线销售人员。这一做，就是三年。

1991年到1994年在东北三年的经历，给包包上了商海的第一课。他遇到过形形色色的人，见识过江湖的险恶，甚至还有过被诈骗和被劫持的经历。这让他拥有了宝贵的社会阅历，养成了处乱不惊的大将心态，还让他迅速拓展了与政府、媒体、各类商业组织以及其他社会机构的关系，提高了他与各种人沟通交往的能力。在这样的社会历练中，包包对生意的洞察力也初现端倪。东北的腊八节有喝腊八粥的习俗，腊八粥的烹煮相对比较麻烦，包包灵机一动，我是不是可以鼓励东北的消费者买娃哈哈八宝粥过节呢？说干就干，他找到了辽宁电视台，开发了一档脍炙人口的电视节目，电视台以街访的形式，采访消费者饮用娃哈哈八宝粥的感受，还现场演示如何加热、如何食用。一段采访，一段小品歌舞，形式很简单，却喜闻乐见、生动活泼，把产品宣传和节目很好地结合起来，开创了早期的广告植入。节目的效果非常好，当时人们的娱乐生活方式有限，所以每期节目播映，都可以说是热闹非凡。娃哈哈在短短的时间里，成为知名度最高、最受欢迎的食品品牌之一。包包在公司内出了名，很快就从一名销售代表晋升为区域经理。

在东北市场打拼了三年，有了优异的表现后，包包主动要求承担更有挑战的工作，于是他被公司调任广西，开拓娃哈哈新的业务领域——"水市场"。当时的广西市场，竞品"怡宝"已经占据水市场绝对的霸主地位，娃哈哈很难有所突破，机会在哪里？虽然说娃哈哈矿泉水的质量很好，·价格也有优势，但是应该如何让消费者看到、知道，并接受娃哈哈矿泉水呢？应该如何让卖场、店铺老板甚至小摊贩都来卖娃哈哈矿泉水呢？这些问题几乎天天在包包的脑子里打转儿。对市场极为敏感的包包抓住机会，充分利用公司当年推出的"我的眼里只有你"的活动，与当年红极一时的歌手合作，在广西市场通过单曲打榜、签名售水的方式让娃哈哈一炮而红，为广西市场后来的大发展奠定了坚实的基础。

嗅到变化，自降职位 GET 新技能

1998 年，在娃哈哈已经做得风生水起、工作越来越顺手，本可以躺在功劳簿上舒舒服服享受业绩光环的包包注意到外企和大卖场在中国开始蓬勃发展，包包敏锐地感觉到：市场正在发生很大的变化！原来是生产什么就能卖出去什么的卖方市场，正在向渠道为王的买方市场转变。从卖方市场到买方市场的新玩法是什么？如何从大而全的管理到精细化管理？如何从单一渠道到多渠道管理？外资企业的先进管理体现在哪里？面对这些无法回答的问题，包包隐隐有种危机感。他认定，要做好生意，一定要补上终端运营能力这一课！于是，已经是大区总经理的包包没有犹豫，自愿降级转换平台，加入终端管理体系非常强大的外资企业百事食品，从一名城市经理做起。

在别人看来，包包的这一次职业转换有点"不划算"，不仅职位降低了，而且与普通的销售代表一样，开始跑终端门店了。但是包包却很高兴得到了这个"规划中"的学习机会，兴奋地进入了新角色。他重新骑上自行车，每天穿梭在自己负责的各个门店，经常要在风吹日晒中去 15 家左右的"夫妻店"或跑 8 个左右的大卖场，在拿订单、做陈列、培训促销员的同时，虚心请教并仔细琢磨公司的终端管理体系背后的管理逻辑。

那时正好到了夏天，天气炎热，人们不习惯吃薯片，这是薯片销售的淡季。但是包包可不愿意就这样"靠天吃饭"，他天天都在琢磨：怎样才能提高薯片在夏季的销售？那年刚好是世界杯足球赛，包包看到啤酒、可乐都因为借着世界杯做热点宣传而畅销，于是他灵机一动：我们也可以把薯片跟啤酒、可乐绑在一起促销啊！有了点子就立刻行动！包包带着团队去跟啤酒和可乐商家谈，做了一个组合促销，借着周末各个门店都在搞世界杯射门比赛的热度，推出了"看世界杯喝啤酒，就着乐事薯片更有味！"的活动，在冰箱、啤酒主货架挂上了乐事薯片的横条，生意一下子火了起来。

就这样，在每天平凡而琐碎的事务管理中，包包一刻不停地寻找，发现了各种提升终端运营的方法。他带领团队推出了包柱陈列、扶梯陈列、乐事长城、挂条陈列、割箱陈列等；还策划了世界杯、百事可乐和乐事薯片的联合促销。包包还提出了"随处可见、随时冲动、随时可取"的"三随"策略，意思是让消费者随时可以看到公司的产品，看到了还要产生随时购买的冲动，有了购买冲动还要随时可以获取产品。"三随"策略虽然简单直白，但是非常接地气，销售代表听得懂，大卖场的促销员听得懂，"夫妻店"的小商贩也听得懂。"三随"策略推行后，收到了非常好的效果，生意迅速扩大，产值快速增长。包包负责的城市也成为百事食品在全球的模范市场。

不久，包包就由百事城市经理晋升为省经理。再不久，他又开始负责由几个省组成的大区，这一步步的晋升，靠的是他在工作中的高投入和实打实的业绩。作为一个领跑型的管理者，包包的工作作风和价值取向也深深地影响着他的团队，他带出来的销售团队勤勉务实，战斗力强，业绩出色，在公司里有目共睹。

居安思危，瞄准学习机会"跳槽"

在百事平台工作了3年的包包，对终端管理已经驾轻就熟了。可是，不满足躺在业绩功劳簿上的他又开始思考新问题：供应商搞定了，终端体系搞定了，消费者还是不买账怎么办？他认为，下一步的竞争一定会聚合在消费者管理领域！如果不快速积累相应的经验，对生意的掌控能力就会大大减弱！所以他开始特别留意在消费者管理领域做得出色的公司。经过一段时间的观察了解，又正好遇上以妈妈班、CRM管理出名的惠氏奶粉在找杭州的业务经理，包包瞄准了这个绝佳的学习机会，于是在2001年欣然加入惠氏营养品团队。

包包在惠氏依然延续了他一贯的脚踏实地的工作作风，不论是在业务线的向上发展，还是从业务线横向拓展到医务线，又或者是从大区经理到销售总监的角色上，他都身体力行地站在业务一线，琢磨业务问题，解决业务难题。当时，世界卫生组织不允许针对0～6个月的婴儿配方乳品进行广告宣传，在各个国家的监管也越来越严，这对于做婴儿配方奶粉的公司是个很大的挑战。因为婴幼儿乳品各阶段的转化率非常重要，一旦没人买第1阶段（0～6个月龄）的产品，第2阶段（6～12个月龄）的产品就很难卖出，因为父母一般不太会冒着宝宝有不良反应的风险在第2阶段换奶粉。于是，很多竞品公司就打着宣传2个阶段产品的幌子，其实是给消费者一个从1段就开始用自家产品的心理暗示。因为1段和2段标注的成分几乎是一模一样的。一向喜欢琢磨的包包又开始带着大家一起琢磨了：难道除了这个方法就没有其他方法了吗？如何有预见性地解决这个问题？最终，他和团队想出来，借助妈妈班的平台，向准妈妈们提供生产和育儿方面的知识教育，结果收到了非常好的效果，提升了企业形象，储备了大量的潜在客户。

在惠氏工作的这段时间，包包带领的团队不仅年年都能超额完成销售指标，而且人均能效一直是最高的。包包特别重视团队建设和人才培养，支持公司的各类人才管理项目，通过推广"师傅带徒弟项目""星级教练项目""人才盘点项目"等，为公司发展培养了一批优秀的人才，他负责的团队在公司里被公认为是执行力最好、战斗力最强、最有产出的团队。

惠氏的工作经历，不仅让包包继卖方市场、买方市场、终端管理之后，积累了消费者管理的经验和能力，形成了对消费品营销的全面、深度的认知，也让他在打造高效能团队和人才梯队培育方面有了质的飞跃，这为他转型职业企业家奠定了非常坚实的基础。

秣马厉兵，为 CEO 角色做好全面准备

从 2001 年加入惠氏，包包从区域经理到销售总监，一路打拼了十多年，见证了中国乳品市场的起伏，经历了很多挑战，积累了很多经验，也形成了自己的一套生意哲学。在收到"为公司服务 12 年"的祝贺邮件的那天，包包认为，是时候为自己制定下一个目标了，那就是成为分管营销的 VP 或者 CEO，让自己的经营思路和这么多年的积累在更大的舞台上展现。

有了这个目标，包包开始全面准备。

首先，他留意观察 CEO 和其他公司高管，发现他们的聚焦点不仅仅是企业短期是否盈利或高效运作，而是更前瞻性地看到未来的趋势，不仅要了解外部环境的变化，还要对外部环境进行管理；同时，他们还特别关注塑造企业的软环境，提升企业人员的整体实力。还有，他们需要频繁地与亚太或全球总部进行沟通，为中国争取更多的资源和协助。有了这样的观察和总结，包包找各种机会与这些企业高管进行交流，验证自己的看法，然后尝试在自己的工作中像他们一样思考和行动。

其次，包包开始关注自己的英语水平。包包一路从业务一线打拼上来，平时不怎么使用英语，英语口语能力较弱。虽然在外资企业越往上走，对英语的要求越高，但因为包包的业绩一直很出色，所以"英语不好"这个缺点就被忽略不计了。然而包包很清楚，再往上走，就要直接面对老外，英语不过关，即使业绩出色被提拔上去，也无法有效开展下一步工作。包包立志要突破这个瓶颈！他拿出做业务时"死磕"的劲头，专门找了个老师进行一对一的辅导，平时耳朵上一直会挂着一个蓝牙耳机，只要一有空，就跟着学习软件练习听力和对话，寻找一切机会与老外交流。就这样，通过不间断的学习，他掌握了不少词汇，也渐渐找回了语感。尽管他的英语发音并不是很纯正，偶尔还需要对方重复一遍问题，但已经可以摆脱翻译，没有太多障碍地交流了。

在提升自身能力、做好充分准备的同时，包包也在观察和定位自己下一步的发展平台和机会。他分析，惠氏奶粉在市场上已经数一数二了，公司体系相当健全，高管团队非常出色，自己上升的可能性相对比较小。而最理想的发展平台是一家规模中等、生意一般而正在寻求突破的企业，已经是大企业高管的那些人不太可能去这些公司，而自己就是最合适的高管人选！有了这个清晰的想法和规划，包包一边做着准备，一边等待着合适的机会。

两年后的2014年，这个机会来了！另一家全球乳品公司——当时在中国市场排名第 8 的荷兰皇家菲仕兰集团在找负责旗下婴幼儿乳品美素佳儿中国业务 B2C 的首席销售执行官。包包丰富的从业背景和闪亮的过往业绩让他从候选人的长名单中毫无障碍地进入短名单。在面试环节，尽管他的英语口语没有其他候选人好，但是谈到他熟悉的市场和业务问题时，表达得就很通畅，尤其加上老练自信的眼神和肢体语言，面试官完全被他敏锐的商业头脑、沉淀多年的行业洞见以及强大的气场吸引和征服。包包最终如愿以偿地获得了这个职位。

运筹帷幄，成为职业企业家

走马上任的包包，首先面临着巨大的业务挑战。乳品市场变化多，竞争非常激烈，而菲仕兰的品牌在中国的影响力很弱，想把这盘生意做好，确实不容易！但包包一点儿都不畏惧，他就喜欢这样的挑战，越是难做的生意，他越有挑战的欲望。越是轻车熟路的事情，他反而越没有感觉。熟悉了企业的基本情况后，他自信地承诺，三年让菲仕兰的乳品生意上个台阶！包包的自信不是盲目的。在配方乳品市场摸爬滚打多年的实战经验、独到的经营理念，以及超强的团队管理和影响力，让包包在这个新平台上充分释放出能量。他梳理渠道，强化终端和消费者教育，重新排兵布阵，提升团队能力。仅用短短三年时间，包包不负众望，菲仕兰在中国配方乳品的市场份额从第 8 名进入前 4 强，在市场上品类年均增速只有 6% 的环境下，他将菲仕兰的销售额提升了 3 倍！同时，他还创建了独特的智能化营销模式，以消费者教育为核心，以门店执行为依托，开展品牌宣传之旅，获得京东、天猫、孩子王、爱婴岛、爱婴室、沃尔玛等诸多客户给予的"最佳合作伙伴""最佳供应商""增长最快品牌"等一系列嘉奖。进入菲仕兰的第 3 年，包包实现了自己的业绩目标承诺，也实现了自己职业生涯的梦想——他被提拔为中国区集团公司的首席销售执行官兼任乳品事业部的 CEO。

包包的出色表现在公司口口相传，不仅很多亚太区的高管，就连全球总部的高管都知道中国有个很厉害的 Super Bao（超级包），来中国一定要与包包见个面。创造了出色的业绩，带出了自己的团队，获得了老外的信任，包包完全可以舒服地过几年轻松日子，但如果是这样，那就不是包包了。

2018 年 7 月 1 日，曾经的乳品行业龙头，这几年业绩不振并面临退市风险的贝因美董事会宣布：聘任包秀飞担任公司 CEO。听到这一消息，熟悉包包的人既吃惊也不吃惊，因为他天生有种不安分的特质，喜欢"主动打破自己的天花板"。他为自己规划的下一步，是从一名"职业经理人"到"职业企业家"，把一家企业带到一个新高度或者帮助企业扭亏为盈。

上任后不久，包包就公布了长短结合的重振计划，并在经营策略上，强调"要做大超高端、做强大客户、做深三四线"，并称"将痛定思痛、刮骨疗毒"。单枪匹马杀入一家濒临退市的民营企业的包包，面临公司连续亏损两年的状况，在一次次的绝望中寻找新的生机，突出重围。在进入贝因美仅仅 90 天，就实现了净利润 1943 多万元，同比增长 228.6%！这是贝因美近 3 年来的第一次经营性盈利！媒体称："这是贝因美新帅包秀飞上任后交出的首个季度业绩。"

　　50 岁再次启航的包包，正在以他职业企业家的责任感、热情和坚定，在新的平台上排兵布阵，重塑企业和市场的信心。让一家即将沉底的公司起死回生，才能给他带来更大的成就感。

———— 王少晖访谈 ————

王少晖：看你的职业旅程，每步的发展都是主动规划和掌控的
　　　　结果，你是很早就把整个路径规划好了吗？

包秀飞：上大学的时候，我就基本规划好了我的未来：从销售
　　　　起步，一步一步积累经验，最终做到企业的 CEO。后
　　　　来的每步，基本上都是沿着这个大方向在修正中前行。

王少晖：对很多人而言，进入职场的前几年都还没有清晰的职
　　　　业发展方向，像你这种在大学期间就做了职业规划的
　　　　人确实挺少见的，为什么那么早就选择销售作为自己

的职业目标？

包秀飞：我大概算比较早熟吧，比较喜欢琢磨事儿。我那时性格内向，所以就选择销售工作来锻炼自己，突破自己个性上的短板。而且我也不愿意选择稳定的"铁饭碗"，太清闲、没有挑战的工作不是我想要的。

王少晖：为什么没有在一家企业一步一步往上发展，而是换了几家不同的公司，甚至还会选择降级跳槽？

包秀飞：在一家企业一步一步往上发展是一种理想状态，但往往有很多非主观因素。而当你置身于整个行业中时，机会就很多。我认为人离开了行业或产业的背景和趋势是没有办法持续进步和发展的，所以要跟着这种趋势走；跟不上趋势，你的能力和经验就会贬值。实际上，我的几次工作转换都是随着消费品行业的发展轨迹做的转换，从卖方市场到买方市场，再到终端管理，最后到消费者管理。每次我感知到行业的变化，都会有强烈的好奇心和冲击感，同时也会有强烈的瓶颈感，这个瓶颈并不是指职位的瓶颈，而是学习的瓶颈，所以我就想去在这个方面做得最好的公司，快速学习新的经营管理方法，所以我不会把级别和钱当作主要的考虑因素，退一步是为了进两步或者进三步。

王少晖：你对市场非常灵敏，总能提前感知到市场的风向，为
　　　　什么你会如此敏感？

包秀飞：我是从一线销售做起的，一直在市场上摸爬滚打，所
　　　　以很了解市场，对市场的变化也很敏感，再若我交友
　　　　比较广，朋友圈里不仅有从事消费品行业的，还有从
　　　　事金融投资和猎头的，所以我们会交流讨论很多信息，
　　　　能让我从外部视角看待我们的行业和生意。

王少晖：你每次想着要做转换时，就正好有机会来敲门吗？是
　　　　你主动去寻找机会的，还是运气和机会找上门的？

包秀飞：其实市场的某个商业模式发生变化时，一定是缺人才
　　　　的，机会也一定很多，就看你愿不愿意放弃已经拥有
　　　　的东西，提前去学习和尝试新事物，扬长补短。我几
　　　　次转换，都是在规划中的，所以做好了比较充分的准
　　　　备。有了准备和信心，有时候是等待机会，如去菲仕
　　　　兰；有时候我也会主动出击，如这次去贝因美，就是
　　　　我自己主动联系的。总之，我觉得都是基本做好心理
　　　　和能力准备的。

王少晖：你是如何扬长补短提前做准备的？能具体说说吗？

包秀飞：我一般都会先找相关的人聊天，尽可能多地掌握各种信
　　　　息，然后学习新东西，脑补一下进入新角色的状态。说

到扬长补短，我觉得现在市场很透明，你是怎样的人，做得怎么样，人家一打听都知道，我的优势就是我这么多年摸爬滚打的经验和业绩，看得懂生意，摸得透市场。说到短处，绝对需要提前补，否则临阵磨刀肯定来不及。例如，我的英语，还好早补了一段时间，否则要想进入菲仕兰就没有可能了。

王少晖：你在菲仕兰已经实现了做 CEO 的目标，做得也很成功，为什么又主动选择去濒临退市的贝因美？

包秀飞：别人都不看好贝因美这盘生意，但对我而言，我觉得这是"天时、地利、人和"。企业濒临退市，反而能激发我置之死地而后生的决心，老板也能够给予我充分的信任，授予我足够多的权限，能让我像真正的企业家一样充分施展能力。把一盘大家都不看好的生意做起来，那是多大的成就感！

王少晖：你身上有很强的企业家特质，有没有想过自己创业？

包秀飞：因为我在企业打工一直比较顺利，所以以前没有想过。后来有朋友和投资人问我要不要自己做，我觉得如果从零开始创业，对我而言年龄偏大了，也没有必要。我不必非要自己创业，只要舞台合适，都可以当作创业平台，我认为职业经理人到了更高的阶段，就是职业企业家。我加入贝因美其实就是因为它给予了我这样一个做上市公司事业合伙人、成为职业企业家的机会，有平台、有产品、有资本，我把这看作一个很好的创业机会。对我而言，这既是创业，更是一种成长，可以进一步提升我在产业运营、资本运作和政府事务管理方面的综合能力。

王少晖：从职业发展的角度而言，你已经实现了当初的目标，你有下一个目标吗？

包秀飞：我的下一个目标就是做投资商，用我自身的经历、经验和财富去帮助那些创业的年轻人。当然，要实现这个目标，我必须有足够的财富积累，所以，我还要努力工作，继续奋斗。

王少晖：以你的经验和观察，能给职场的朋友们说说，你觉得谁适合做打工贵族、创业者或者自由职业者吗？共性和差异是什么？

包秀飞：要想做好其中的每一种，确实还是要有一些特质的。例如，我就不适合做自由职业者，我还是喜欢跟团队在一起的感觉。那些具有一定的冒险精神、不拘一格的人比较适合创业。当然，打工也可以融入创业精神，这就是我一直奉行的打工也要具备企业家精神。

—————— 职场攻略 ——————

　　包包对商业和市场环境有着超强的敏锐度和果敢的行动力，往往在面临不确定性因素和压力时，仍然能临危不乱、迅速果断地做出决策。难能可贵的是，包包虽然是职业经理人，但身上处处散发出企业老板的特质，这正是近几年企业很需要、市场很稀缺的职业企业家的类型。就是那些既拥有良好的职业化素养，也能像企业的拥有者一样为企业的生死命运承担责任，不仅负责企业当下的生存，也在为企业布局明天的发展的"打工贵族"，这也是打工者的最高境界。

　　包包从销售代表一路走向职业企业家的职业发展经历虽然不能简单复制，但他有一个突出的能力非常值得大家学习，就是他总能未雨绸缪，对即将到来的变化有着敏锐的感知力，并做好积极的准备，主动迎接变化的到来。职场人都会遇到瓶颈，有些人的瓶颈可能是太辛苦，钱太少，没有空间，同事奇葩，老板打压……但从包包的职场故事里我们不难看出，他的发展"瓶颈"或者说发展动力，不是职位和钱，不是眼前的困难，而是因为市场环境、商业模式的潜在变化给他带来的不安感和紧迫感：如果不顺应新变化，不学习新模式，不寻求新突破，就有可能看不懂也玩不转生意了！试想一下，如果当时包包不是未雨绸缪，始终跟随市场上最先进的销售运营模式一起成长，积累经验，提升能力，估计用不了几年他就会止步不前，自然就会遇到瓶颈。

如何在职场上未雨绸缪呢？基于包包的故事，我给大家总结了两条"未雨先知"以及三条"未雨先行"的职场攻略，希望能给正处在发展瓶颈中的职场人一些启发。

首先，如何做到未雨先知呢？

职场上的"雨"是指什么呢？外部环境和行业的发展走向、企业内部的各种变化都是"雨"，这些"雨"的背后，意味着一个人"职业价值曲线"的变化。一般而言，随着经验的积累和能力的提升，职业价值曲线不断上升，甚至加速上升，然后到了一定时间（年龄段）就会增速放缓，价值开始慢慢下降。职业价值曲线示意如图1所示。在过去，这条曲线（图1）下降的速度比较缓慢，下行的拐点一般会在中年以后，所以会有中年职业危机的说法。但是在近些年，互联网发展、技术迭代、跨界融合、市场变化加速，行业和企业的生命周期开始缩短，让这条职业曲线（图2）下行的时间更早、更快，甚至很快就降为零。所以职场人一定要关注内外部环境的变化，把自己的目光从当下的角色抽离出来，俯视自己与环境变化之间的关系。不仅要跳出自己目前的角色，还要能跳出本企业看行业的趋势。

職業
價值

第二条职业曲线

時間

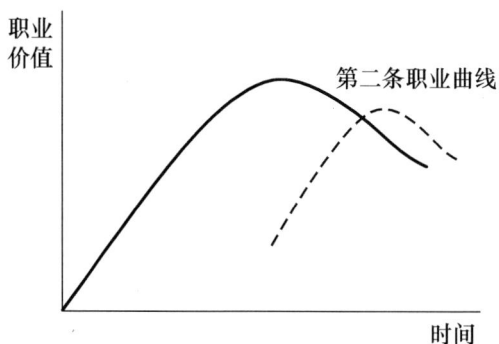

图 1　职业价值曲线示意（过去）

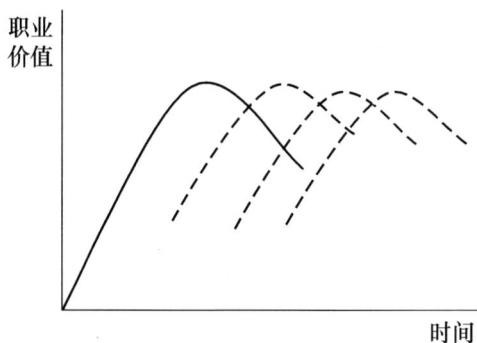

職業
價值

時間

图 2　职业价值曲线示意（现在）

1. 跳出角色看角色

不要总是关注公司应该给我什么，而是要关注我能给公司带来什么价值，尝试站在你的内部客户、上级领导或者工作伙伴的角度，来看你的角色在公司或部门里的价值几何；同时，也要关注公司的变化对角色价值的影响。包包在娃哈哈的时候，从杭州到东北到广西，从卖八宝粥到卖水，他对公司业务布局和策略相当敏感，如此才能抓住机会提升自己的价值。我发现不少从事销售工作的人，每天忙着在外面跑，对公司的变化一点儿也不关心，认为我只要交出业绩就行了，持有这种心理只会使你无法动态衡量公司变化对你目前角色产生的影响。例如，你是一位区域销售经理，公司未来一年会将原来的经销商模式改成自营模式，你的角色价值会有什么变化？再例如，你是老产品的销售代表，公司明年就要推出新产品，如果公司成立一支新的营销团队或者借助现有营销团队来销售新产品，你的角色价值会有哪些不同？这些变化还包括区域布局、产品组合、营销模式、组织结构调整、激励模式变化等，如果不能从自己原有的角色中抽离出来重新审视这些变化对角色的影响，你很容易"温水煮青蛙"而遭遇职场瓶颈。

建议：

对公司内部的变化保持敏感，每半年针对你的绩效与能力现状结合公司的业务布局和组织结构调整情况，评估你在公司内部的价值以及变化趋势。

自问问题：

- "公司的业务调整对这个角色有影响吗？"
- "公司的组织或人事调整对这个角色有影响吗？"
- "这个角色将会越来越重要还是不重要，甚至可以被替代或合并掉？"

2. 跳出企业看行业

不仅要关注企业内部变化，在当今这个VUCA时代，跳出本企业对行业的发展动态保持敏感更为重要。最近沸沸扬扬的甲骨文公司裁员就是很好的例子。靠数据库技术起家的甲骨文公司曾经在市场上呼风唤雨，独领风骚，全球前100强的公司几乎都在使用甲骨文的技术。这么大的一家公司，却突然宣布要大规模裁撤中国区的研发技术人员，首批裁撤规模近千人，主要原因是其赖以为生的数据库业务已经被云数据业务蚕食，而甲骨文公司在云市场已经远远落后其他竞争对手。其实这个变化并不是一夜之间发生的，曾经是甲骨文公司亚洲区最大客户的阿里巴巴，几年前就已经开发出了自己的云数据，不仅实现了数据方面的自给自足，还反过来成为甲骨文公司的最大竞争对手。这一批被裁撤的员工平均年龄只有37岁，他们在有"养老公司"之称的甲骨文过惯了慢节奏的舒服日子，失去了对外界的敏感性和独立生存的能力。

我们再来看包包的职业发展轨迹，完全是跟随中国消费品行业的变化轨迹，从卖方市场到买方市场，到终端管理市场，再到消费者管理市场。在每次变化初露端倪的时候，包包都能敏锐地捕捉到并始终有一种强烈的危机感。这得益于他爱思考的习惯，更得益于他始终不脱离市场一线。先不说包包做销售代表时摸爬滚打的吃苦经历，做到区域经理也常常骑着自行车跑门店，到了销售总监的岗位也是每周都要跑市场、下基层，从来不会脱离市场前线。再看看有些企业的销售经理一旦到了管理岗位，就只扮演"收租婆"的角色，把销售任务分下去等着下面的人"交米"，生意差的时候可能会下去跑跑，生意好的时候就坐等数字，级别越高，越远离一线，对市场的敏锐度就会大打折扣。

建议：

职场人要始终关注行业发展趋势，每半年检视一下你在外部市场的价值（可以借助猎头朋友），预测一下未来1～2年，你的职业价值曲线是走高还是走低？有没有断崖式下降的风险？

自问问题：

- "如果我今天离开现在的公司，明天我能去哪里？我的价值还能让我拿到现在的薪酬吗？"

光是"未雨先知"不够，还要"未雨先动"

前些年，大家都意识到百货公司和大卖场的生意迟早受到网上购物商城的巨大冲击，有些"嗅觉"敏锐的卖场人员较早就切换频道进入互联网公司占据好位子，而更多的人并没有采取行动，所以随着大卖场萎缩甚至关门而面临被淘汰的命运。从包包的职场故事里我们可以看到，不论是积极转换平台学习先进模式，还是在"高龄"苦学英文迎接更高职位，都是包包主动采取行动来"打破自己的天花板"的写照。

所以说，职场人不仅要敏锐地捕捉趋势和变化，还要能够跳出舒适圈采取行动。具体应该怎么做呢？职业发展路径的类型如图3所示，我们可以基于职业发展路径的几种类型，评估自己所在内外部的环境以及自己的优劣势，审时度势，有针对性地采取行动。

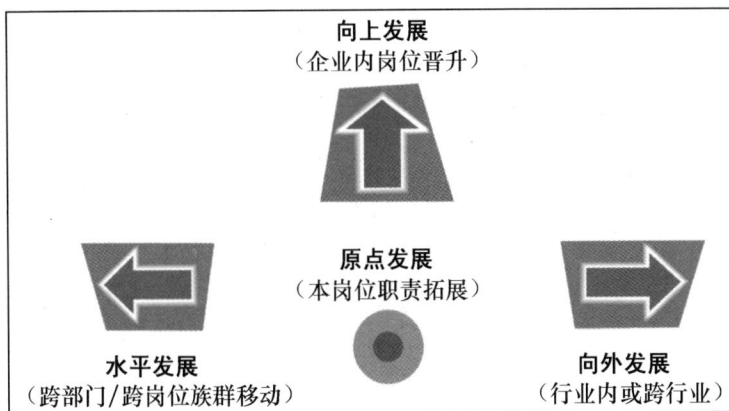

图3　职业发展路径的类型

行动1：在现有岗位不断拓展自己的职责边界

最容易开始的行动，就是在完成本职工作的基础上尽可能地拓展自己的职责边界。简单地讲，就是不要怕多做事情，不要计较额外付出。就像包包，无论在哪个岗位，都把手里的工作当作自己的工作来经营，从不计较眼前的得失和付出。这种额外付出，其实给了你拓展经验、提升能力、释放潜能的机会，也让你在同级人中很容易脱颖而出。

有位人力资源总监给我讲过他们公司一位中层经理 Mandy 的故事。说 Mandy 刚进公司时只是物流部的一个小助理，负责开出货单和打杂，因为营销部门人手紧，所以偶尔也让她帮忙做一些数据收集整理的工作，Mandy 没有把这看作额外的工作而有怨言或敷衍了事，而是非常积极主动，她认真请教同事，自学数据的收集和分析方法，并把以前的表格形式进行了优化，逻辑清晰，言简意赅。老板和同事对她刮目相看，她也逐渐对公司的各种业务数据熟悉并产生了很大的兴趣。半年后，物流部不设助理岗位，而市场部要新增一名助理，她理所当然地被调了过去。进入市场部以后，她不仅完成了上级布置的数据收集工作，还对数据呈现出的问题很感兴趣，常常会找自己的主管或销售部、财务部的同事请教背后的原因和逻辑。两年后，Mandy 毫无争议地成为新设立的 SFE（销售团队效能）部门的经理。

如果你没有像包包或者 Mandy 这样获得快速发展的机会，在抱怨老板和同事之前，请先尝试回答一下下面的问题：

- 你有没有主动帮老板分担原本不属于你的工作？
- 同事一个人忙不过来，很快就到项目截止期了，你有没有主动伸出援手提供帮助？
- 上级交给你的工作任务，你是等他找你要才给，还是会提前完成、主动汇报？
- 你有没有主动要求老板给你分配更有挑战性的工作任务？

行动 2：站在上级的角度思考和行动

职场上最常听到的抱怨就是没有晋升机会，很多人觉得自己业绩不错，就应该得到晋升。这有一个重要的误区，就是你业绩不错，只能说明你适合目前的岗位，并不能说明你为再上一个阶梯做好了准备。管理大师拉姆·查兰在《领导梯队》这本书里有经典的总结，那就是领导者的每次晋升都是职责要求和领导力复杂性上的一次重大转变，都需要在以下 3 个方面实现转型：工作价值观、时间管理和领导技能。所以要向上发展，就要提前在这 3 个方面做好准备。包包就是很好的例子，他为成为公司高管做了充分的准备。

如果你现在是一名骨干员工，下一步想成为带人的主管或经理，首先就要转变观念，从自己做事转变为带别人做事，带着比你经验少、资历浅的员工一起干，而不能只顾及自己的业绩；从只"关注事"到"对人和对事同样关注"，所以不要只埋头干活儿，而要学会花时间跟人沟通，激励他人来促进工作成果的达成。

如果你下一步要从经理主管发展到部门负责人，那你也要提前准备，不仅要关注自己负责的工作领域，也要培养自己的大局观，学会与其他部门进行协作，还要把更多的时间放在培养下属的能力上。

行动3：跨出舒适圈，培育市场需要的新技能

前面说到在甲骨文公司被裁的这些员工，原来都是各大高校的优等生，他们中的很多人不是没有感受到变化，但是舒服日子过惯了，如果离开这么舒服的安乐窝，不仅工作强度会暴增，收入还有可能下降，所以就采取自我安慰和自我麻痹，认为这个变化不会降临到自己身上。所以当公司裁员的时候，他们完全不能接受。如果在感受到危机的时候能够采取有效的行动，在企业内部其他部门寻找可以发展的机会，拓展自己的新技能就不会这么被动。

如果企业内部没有空间，就要勇敢地跨出去，到市场上寻找机会。举个例子，前些年，大卖场早已处于与电商"对决"的状态，但是那些习惯了"朝南坐"的卖场采购经理很少愿意放弃舒服日子。这两年随着很多卖场关门，这些人被迫出来找工作，却发现大的电商平台的采购经理职位早已被"先行一步"的同事或同行，甚至是原来的下属占了，自己进去也只能降级当个采购员。有些人能够放下身段，学着去适应；也有些人心理失衡，索性在家等机会，一晃一年一年过去了，离市场越来越远，逐渐失去了竞争力。

希望上面的"未雨先知"及"未雨先行"的"2+3攻略"，能让遭遇职场发展瓶颈的朋友们找到突破口，像包包一样，在动荡多变的环境中，敏锐地把握职场趋势，掌握自己的职场命运，走向职业企业家的事业巅峰！